❶ 歴史的な PC 橋

長生橋

泰平橋

❷ 駿河湾大井川沖暴露試験

海洋技術総合研究施設の全景

第二デッキ（PC 試験体）

第二デッキ（小型試験体）

第三デッキ

❸ 塩害による損傷と補修・補強

厳しい塩害環境

PC橋

桟橋

塩害損傷例

断面修復工法・保護塗装工法

電気防食工法

補修・補強事例（1）

　　　外ケーブル工法　　　　　　　　脱塩工法（橋台部）

補修・補強事例（2）

### ❹ ASRによる損傷と補修・補強

　　　橋脚　　　　　　　　　　　　擁壁

損傷事例

　　PC巻立て工法　　　　　　　　鋼板巻立て工法

補修・補強事例

❺ 海塩粒子の飛来・付着と塩分浸透（本文 p.97, 98）

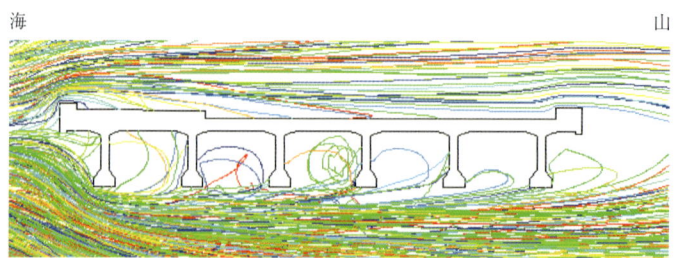

図1 T桁への海塩粒子飛来のシミュレーション

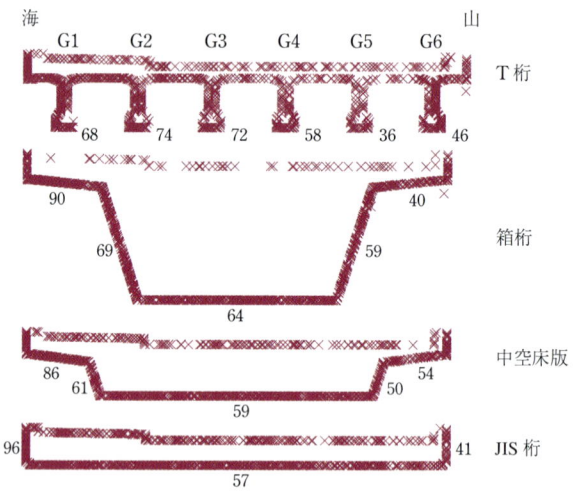

図2 構造形式の異なる桁への海塩粒子付着

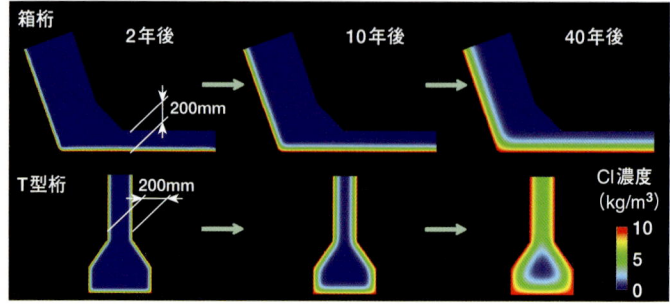

図3 箱桁およびT桁への塩分浸透

# まえがき

　わが国は周囲を海に囲まれており，今後，海洋空間の有効活用を図ることが重要な課題である．これを受けて建設省土木研究所は，科学技術振興調整費「海洋構造物による海洋空間等の有効利用に関する研究」の一環として，「防食等による海洋構造物の耐久性向上技術」研究を昭和59年（1984年）から5ヶ年計画で開始した．この研究は，建設省土木研究所と社団法人鋼材倶楽部，社団法人プレストレスト・コンクリート建設業協会および財団法人土木研究センターの共同研究「海洋構造物の耐久性向上技術に関する研究」として行われた．

　研究は，期間中に駿河湾大井川沖に「海洋技術総合研究施設」を設置し，この施設を利用して，海中部から海上大気部にわたる海洋環境における防食材料および防食技術に関する暴露試験を行った．そして，科学技術振興調整費による研究が終了した後も，土木研究所は建設省予算で上記共同研究を上記3者と継続している．その後，建設省土木研究所は，行政改革の一環として省庁再編により平成13年1月国土交通省土木研究所となり，平成13年4月には，独立行政法人土木研究所と改編されたが，共同研究は継続されている．

　本共同研究では，防錆防食技術開発委員会（委員長：蒔田 實）を組織し，その下に3つの分科会を設置して活動を行い，これまでに得られた成果は，共同研究報告書や各学協会で随時公表してきた．本書の刊行もそのような研究成果の公表の一環であり，海洋開発に携わる技術者や一般の土木技術者，さらにはこれから土木分野に進もうとしている学生に，海洋環境における構造物の腐食および防食技術についてわかりやすく解説することにより，それらの知識を海洋開発に役立てていただくとともに，海洋環境における防食技術に関する最新の知見を普及することを目的としている．本書の内容は，本共同研究で得られた研究成果ならびに土木研究所が実施してきた防食に関する研究成果およびプレストレスト・コンクリート建設業協会が公表している防食に関する知見に基づき，海洋コンクリート構造物の防食技術に関する事項をQ＆A式に編集している．本書が海洋コンクリート構造物の防食技術について興味を呼び起こし，さらなる防食技術の発展につながることを期待す

るものである．

　また，本書は，共同研究第二分科会を中心にコンクリート構造物の防食技術についてとりまとめたものであり，鋼構造物の防食技術については姉妹本である「海洋鋼構造物の防食Ｑ＆Ａ」(日本鉄鋼連盟編，技報堂出版刊)をご覧いただきたい．

　さらに，専門的・具体的なデータ等に興味を持たれた方は，共同研究報告書等をお取り寄せていただければ幸いである．

　平成16年3月

防錆防食技術開発委員会

# 防錆防食技術開発委員会

| 委員長 | 蒔田 實 | (財)土木研究センター | 参与 |
| 委　員 | 片脇 清 | (社)日本橋梁・鋼構造物塗装技術協会 | 理事 |
| | 明嵐 政司 | 独立行政法人土木研究所 | 新材料チーム 上席研究員 |
| | 守屋 進 | 独立行政法人土木研究所 | 新材料チーム 主任研究員 |
| | 佐伯 彰一 | (財)土木研究センター | 常務理事 |
| | 岡 扶樹 | 新日本製鐵(株) | 建材開発技術部土木基礎建材技術グループ マネジャー |
| | 樋口 忠正 | (株)ナカボーテック | 取締役 |
| | 安井 常二 | (社)プレストレスト・コンクリート建設業協会 | 専務理事 |
| | 石井 浩司 | (株)ピーエス三菱 | 土木本部 PC 土木統括部 メンテナンス部 課長 |
| | 多記 徹 | 大日本塗料(株) | 技術本部 基礎第一部 |
| | 中野 正 | 関西ペイント販売(株) | 防食技術センター |
| | 渡辺 健児 | 日本ペイント(株) | 鉄構塗料部 マネジャー |
| | 岩橋 研一 | (社)日本鉄鋼連盟 | 市場開発部 土木開発グループ |
| 事務局 | 金井 浩一 | (財)土木研究センター | 技術研究所 研究開発四部 |

順不同敬称略

## 海洋構造物耐久性向上技術に関する共同研究第二分科会

| 主　査 | 石井　浩司 | (株)ピーエス三菱 | 土木本部 PC 土木統括部 メンテナンス部 課長 |
|---|---|---|---|
| 委　員 | 安井　常二 | (社)プレストレスト・コンクリート建設業協会 | 専務理事 |
| | 酒井　博士 | (株)ピーエス三菱 | 土木本部　PC 営業統括部 営業部 部長代理 |
| | 吉田　光秀 | (株)富士ピー・エス | 技術部 メンテナンス室 課長 |
| | 藤田　学 | 三井住友建設(株) | 技術研究所 土木研究開発部長 |
| | 浅井　洋 | 三井住友建設(株) | 技術研究所 土木研究開発部 PC 構造研究室　主任研究員 |
| | 大谷　悟司 | オリエンタル建設(株) | 第一技術部 メンテナンスチーム 主任研究員 |
| 事務局 | 一ノ瀬寛幸 | (社)プレストレスト・コンクリート建設業協会 | 次長 |

順不同敬称略

# 「海洋コンクリート構造物の防食Q&A」執筆者

| | | |
|---|---|---|
| 浅井　洋 | 三井住友建設(株) | 技術研究所 土木研究開発部 PC 構造研究室　主任研究員 |
| 石井　浩司 | (株)ピーエス三菱 | 土木本部 PC 土木統括部 メンテナンス部 課長 |
| 大谷　悟司 | オリエンタル建設(株) | 第一技術部 メンテナンスチーム 主任研究員 |
| 小川　彰一 | 現・太平洋セメント(株) | 中央研究所 研究開発部 補修・診断チームリーダー |
| | 旧・オリエンタル建設(株) | 技術研究所 主任研究員 |
| 狩野誠一郎 | オリエンタル建設(株) | 東北支店 技術部 技術チーム |
| 近藤　順 | 現・鈴木金属工業(株) | 営業本部 PC 担当部長 |
| | 旧・オリエンタル建設(株) | 営業本部 開発営業部 部長 |
| 酒井　博士 | (株)ピーエス三菱 | 土木本部 PC 営業統括部 営業部 部長代理 |
| 佐々木　健 | (株)富士ピー・エス | 東京支店 工務部 |
| 藤田　学 | 三井住友建設(株) | 技術研究所 土木研究開発部長 |
| 迎　邦博 | 現・(株)四谷エンジニアリング | 技術部長 |
| | 旧・住友建設(株) | 技術研究所 |
| 吉田　光秀 | (株)富士ピー・エス | 技術部 メンテナンス室 課長 |

五十音順敬称略

# 目 次

## 第1章 塩害の経緯

- Q01 コンクリート構造物の歴史について教えて下さい. ........1
- Q02 コンクリート構造物の塩害が問題とされてきた経緯について教えて下さい. ........7
- Q03 塩害がなぜ社会的に大きな関心を呼ぶことになったのですか. ........12
- Q04 塩害以外にもコンクリート構造物を劣化させる要因にはどのようなものがありますか. ........14

## 第2章 劣化要因とそのメカニズム

- Q05 海中コンクリート構造物の塩害について教えて下さい. ........17
- Q06 コンクリート構造物は塩害によってどうして劣化するのですか. ........20
- Q07 飛来塩分がどのようなプロセスでコンクリート構造物へ浸入するのか教えて下さい. ........24
- Q08 塩分規制の変遷について教えて下さい. ........28
  - ■ Tea Time 1　マクロセル腐食 ........31
  - ■ Tea Time 2　塩化物イオン ........33
  - ■ Tea Time 3　拡散 ........37
  - ■ Tea Time 4　海外における塩分規制 ........38
- Q09 中性化がコンクリート構造物を劣化させる理由は何か教えて下さい. ........42
- Q10 アルカリ骨材反応によるコンクリートの劣化とはどのような現象ですか. ........46
- Q11 寒冷地特有のコンクリート構造物の劣化について教えて下さい. ........49
- Q12 疲労に及ぼす環境条件の影響はありますか. ........53
- Q13 海水中の構造物では塩化物イオン以外にも劣化要因はありますか. ........55
- Q14 複合劣化について教えて下さい. ........58

## 第3章 塩害による損傷と構造物の性能

- **Q15** 塩害によってコンクリート構造物はどのような損傷を受けますか. ...... 63
- ■ Tea Time 5　PC鋼材の腐食 ...... 66
- **Q16** コンクリート構造物の劣化を調査する手法はありますか. ...... 67
- **Q17** 劣化したコンクリート構造物の性能はどのようになりますか. ...... 69
- **Q18** 劣化したコンクリート構造物の耐久性を確保するためにはどのよう ...... 71
にすればよいですか.

## 第4章 新設構造物の耐久性向上技術

- **Q19** 海洋環境下にコンクリート構造物を建設する場合の留意点を教えて ...... 73
下さい.
- **Q20** コンクリート構造物の塩害とコンクリートの配合との関係を教えて ...... 76
下さい.
- **Q21** 水セメント比を低下させることによってなぜコンクリートは密実に ...... 78
なり耐久性が向上するのか教えて下さい.
- **Q22** コンクリートは水セメント比を低下させること以外にも耐久性を向 ...... 81
上させる方法がありますか.
- **Q23** 施工の良否に左右されず, 信頼性の高いコンクリートを製造, 打設 ...... 84
できますか.
- **Q24** 防錆処理を施した鉄筋やPC鋼材について教えて下さい. ...... 86
- **Q25** PC鋼材定着部やシースの防錆について教えて下さい. ...... 89
- **Q26** 錆びない補強材はありますか. ...... 91
- **Q27** 錆びた鉄筋を構造物の建設に使用したり, 断面補修時に鉄筋を除錆 ...... 93
せず補修してもよいのですか.
- **Q28** 橋の形状や種類によって塩害による損傷程度が変わるのですか. ...... 96
- **Q29** かぶりやひび割れは塩害劣化とどのような関係があるのですか. ...... 99
- **Q30** コンクリートの耐久性照査とはどのようなことを照査するか教えて ...... 101
下さい.
- **Q31** 海洋環境下でのコンクリート打設と養生について, 特に注意する点 ...... 103
を教えて下さい.

## 第 5 章　既設構造物の耐久性向上技術

- **Q32** 塩害を受けたコンクリート構造物の補修・補強工法について教えて......105 下さい.
- **Q33** ひび割れ補修について教えて下さい. ......108
- **Q34** コンクリート表面被覆について教えて下さい. ......110
- **Q35** 断面修復について教えて下さい. ......113
- **Q36** 連続繊維シートを用いたコンクリート構造物の補強方法について教......115 えて下さい.
- **Q37** 代表的な電気化学的補修の方法について教えて下さい. ......117
- **Q38** 補修することで，構造物は建設当初と同じ，またはそれ以上の遮塩......120 性能を付与させることができるのですか．また，補修した後に再劣化することがあるのですか.

## 第 6 章　維持管理技術

- **Q39** 構造物を延命させるための手法について教えて下さい. ......123
- **Q40** 塩害による劣化予測をどのように行うのか教えて下さい. ......125
- **Q41** 塩分浸透量の予測は具体的にどのように行うのか教えて下さい. ......127
- **Q42** コンクリート構造物における維持管理の実際（方法）について教え......133 て下さい.
- ■ **Tea Time 6**　耐用期間と供用期間 ......142
- **Q43** 構造物の性能を評価するためにはどのような点検方法があるのか教......144 えて下さい.
- **Q44** 耐久性を高めるための最新の(診断)技術について教えて下さい. ......147
- **Q45** ライフサイクルコストとは何か教えて下さい. ......152
- **Q46** 橋梁マネジメントシステムについて教えて下さい. ......161
- ■ **Tea Time 7**　建設産業における環境問題，資源問題に対する
  　　　　　　リサイクルの取り組み ......164

## 第 7 章 海洋構造物の将来

**Q47** 現在の技術を採用することで耐久性に優れた構造物になるのか教えて下さい. ......167
**Q48** 既設構造物をいかに継承していくべきか教えて下さい. ......169
**Q49** 今後,新しく建設する構造物とはどうあるべきか教えて下さい. ......171

# 第1章

## 塩害の経緯

### 01 コンクリート構造物の歴史について教えて下さい．

> コンクリート構造物は，補強材の進歩と相まって鉄筋コンクリートやプレストレストコンクリート構造が開発され，発達してきました．コンクリート構造物の歴史について，コンクリートを製造するための主材料であるセメントの歴史，鉄筋コンクリートの歴史，プレストレストコンクリートの歴史に分け，簡単に説明します．

#### (1) セメントの歴史

セメントの起源は，考古学的には紀元前5万年～10万年と考えられています．紀元前約3000年にはセメントの主原料である焼石こうと石灰を混ぜたものがエジプトのピラミッドに使用されています．古代ギリシャ，ローマ時代には火山灰と石灰を混ぜたポゾランセメントが使用されています．また，このポゾランセメントに砂利を混ぜたコンクリートの起源となるものが，道路や水路，浴場の建設に利用されています．

1796年にイギリスにおいてパーカー (J. Parker) がローマセメントの製造に成功したことで歴史的に大きな発見となり，セメントの歴史が大きく進歩しました．その後，1824年にフランスにおいてアスプジン (J. Aspidin) がポルトランドセメントの製造を始めました．わが国においても，1875年に初めてポルトランドセメントが製造されました．1949年には国内でレディーミク

ストコンクリートの製造が始まりました．

### (2) 鉄筋コンクリートの歴史

ポルトランドセメントの製造から数十年の間に，硬いけれども脆いコンクリートを鉄材で補強して粘り強くする様々な試みがなされています．コンクリートを鉄網で補強する方法を考案したのはランボー (J. L. Lambot) で，フランスにおいて 1850 年にコンクリートに鉄網を埋め込んだ小舟をつくっています．その後，図1に示すようにモエニー (J. Monier) が鉄網で補強したコンクリートを植木鉢や水タンクなどに応用し，ドイツにおいてコーネン (M. Konen) らが梁において引張力を鉄筋で受けさせ，圧縮力をコンクリートで受けさせ

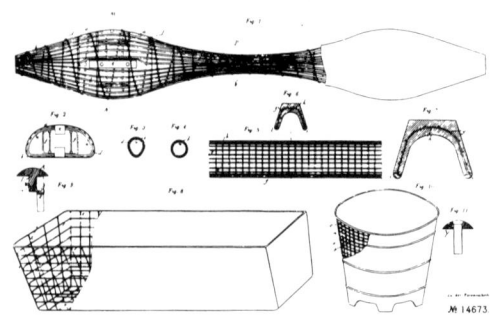

図1　J. Monier の特許 [1)]

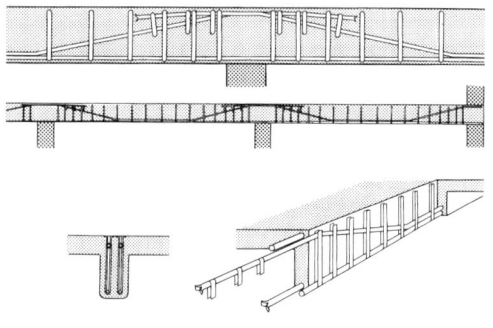

図2　F. Hennebique の配筋方法 [1)]

る鉄筋コンクリートの梁理論の基礎を見出しています．さらに，図2に示すようにアイネビーク (F. Hennebique) がスターラップや折曲鉄筋の適用を提唱しています．わが国においても 1904 年頃から初めて鉄筋コンクリートが用いられてきましたが，1923 年の関東大震災で，RC 構造物が耐震性に優れていることが認められ，これを契機に急速に普及しました．

### (3) プレストレストコンクリートの歴史

1886 年にアメリカのジャクソン (P. H. Jackson) によってコンクリートの弱点を補うために，あらかじめ圧縮応力を生じさせておくプレストレスの考え方が提案されました．以後，様々な試行がなされ，1900 年頃，マン

デル (J. Mandel) やコーネン (M. Konen) らによってプレストレストコンクリートの原理が理論的に論じられています．また，フランスにおいては，1928 年にフレシネー (E. Fressinet) が強度の非常に高い鋼線とコンクリートを用いてプレストレス力を導入することに成功し，プレストレストコンクリートの発展が始まりました．その後，ドイツにおいて初めてプレストレスの技術を実構造物に適用したディシンガー (F. Dischinger) や，ディビダーク工法と張出し架設工法の発明者であるフィンスターバルダー (U. Finsterwalder) らによってプレストレストコンクリートが本格的に発展しました．

わが国においても 1941 年頃からプレテンション方式の研究が始まり，1951 年には PC 枕木の製造が開始されました．本格的な構造物としては写真 1 に示すように 1951 年にプレテンション方式のスラブ橋である長生橋が石川県に完成したのが最初です．2 年後には福井県にポストテンション方式の単純 T 桁橋である十郷橋が完成しています．

写真 1　長生橋[2]

以後，様々な PC 定着工法の技術導入が行われると同時に，このような技術を集大成し，わが国独自のコンクリート構造物に関する設計・施工指針が土木学会や建築学会でまとめられています．

　プレストレストコンクリートの技術が導入されてから，橋梁分野だけでなく，タンク，舗装，建築物など様々な構造物に応用されて，現在に至っています．表 1 にセメント，鉄筋コンクリートおよびプレストレストコンクリートの歴史をまとめています．

　このような鋼材で補強された鉄筋コンクリートやプレストレストコンクリート構造物は，現在までに写真 2，写真 3，写真 4，写真 5 に示す道路，鉄道，港湾，また電力やガスなどのエネルギー関連施設，上下水道，住宅，ビルなどの都市施設あるいは工場などの産業施設に数多く用いられ，現代の社会を支える最も基礎的な構造，いわゆる，社会資本基盤となっています．

表1 セメント,鉄筋コンクリートおよびプレストレストコンクリートの歴史(その1)[3]

| 年代 | セメント | 鉄筋コンクリート | プレストレストコンクリート |
|---|---|---|---|
| 紀元前5～10万年 | セメントの考古学的な起源と推定 | | |
| 紀元前約3000年 | 焼石こうと石灰を混ぜエジプトのピラミッドがつくられる | | |
| 紀元前約150年 | 火山灰と石灰を混ぜたポゾランセメントを用いて古代ギリシャ,ローマ時代の建築物や道路がつくられる | | |
| 1756年 | J. Smeaton (イギリス) が石灰石を焼き水硬性石灰をつくり,エッジストーン燈台を築造した | | |
| 1796年 | J.Parker(イギリス)が J. Smeaton と同様の方法でローマセメントを発明した | | |
| 1824年 | J. Aspidin (イギリス) が石灰石と粘土を調合して焼成し,ポルトランドセメントと名づけ特許を得る | | |
| 1844年 | I. C. Johnson (イギリス) が J. Aspidin の方法を改良し,石灰石と粘土の混合物をガラス化が起こる温度まで加熱し,良質の水硬性セメントをつくる | | |
| 1850年 | | J. L. Lambot (フランス) が鉄網を入れた厚さ約3.6cmの側壁をもつ小舟をつくり,パリ博覧会に出品する | |
| 1861年 | | J. Monier (フランス) が鉄網を入れたセメントモルタルの植木鉢をつくる | |
| 1867年 | | J.Monier(フランス)は格子状配筋による床版を作り特許を得る. | |
| 1872年 | 東京深川に政府土木寮のポルトランドセメント製造所開設 (旧アサノセメントの前身) | | |
| 1875年 | | W. E. Ward (アメリカ) はポートリェスターに最初の鉄筋コンクリート建物をつくる | |

表1 セメント，鉄筋コンクリートおよびプレストレストコンクリートの歴史 (その2)[3]

| 年代 | セメント | 鉄筋コンクリート | プレストレストコンクリート |
|---|---|---|---|
| 1887年 | | M. Konen (ドイツ) が圧縮力をコンクリートで，引張力を鉄筋に負担させる設計方法を発表する | |
| 1888年 | | | C. E. W. Doehring (ドイツ) は版にプレストレスを導入したが，プレストレスが小さく，コンクリートのクリープ・乾燥収縮により消失した |
| 1890年 | | わが国初の鉄筋コンクリート構造のケーソンが横浜港岸壁につくられる | |
| 1892年 | | F. Hennebique (フランス) がせん断力に対し，折曲げ鉄筋，スターラップを用いて補強する方法を発表する | |
| 1907年 | フランス，アメリカでアルミナセメントを製造する | | |
| 1908年 | | | C. R. Steiner (アメリカ) がコンクリートのクリープ・乾燥収縮が進行した後に再びプレストレス力を導入することを提案する |
| 1925年 | | | R. E. Dill (アメリカ) は高張力棒鋼を用い，ナットで定着する方法を考案する |
| 1928年 | | | E. Freyssinet (フランス) が高張力鋼と高圧縮強度コンクリートを用いてプレストレスの導入に成功する |
| 1950年 | | | U. Finsterwalder (ドイツ) が，ディビダーク式PC工法による橋梁架設工法を考案する．日本においてPC枕木の製造が開始される． |
| 1951年 | | | 石川県において初めてのプレテンション方式スラブ橋が完成する． |
| 1953年 | | | 富山県において初めてポストテンション方式単純T桁橋が完成する |

写真 2　PC 斜張橋 [4]

写真 3　六角形浮体構造物 [5]

写真 4　PC 原子炉格納容器 [6]

写真 5　PC 舗装 [7]

【参考文献】
1) 鈴木 圭：RC 橋から PC 橋への歴史的変遷，プレストレストコンクリート，Vol.42, No.6, pp.89–97, 2000
2) 松下 博通：PC 土木構造物の歩みについて，プレストレストコンクリート，Vol.42, No.6, pp.23–31, 2000
3) 神山 一：鉄筋コンクリート，コロナ社，1961
4) 石橋 忠良：鉄道における PC の歴史について，プレストレストコンクリート，Vol.42, No.6, pp.39–42, 2000
5) 福手 勤：PC 海洋構造物の歴史と展望，プレストレストコンクリート，Vol.42, No.6, pp.43–49, 2000
6) 横山 博司ほか：PC 容器の歴史について，プレストレストコンクリート，Vol.42, No.6, pp.66–71, 2000
7) 理崎 好生：特殊 PC 構造物の歴史について，プレストレストコンクリート，Vol.42, No.6, pp.72–78, 2000

## 02 コンクリート構造物の塩害が問題とされてきた経緯について教えて下さい．

> コンクリートの塩害は，外部環境からの塩分浸入や，あらかじめコンクリート中に内在する塩分によって鋼材が腐食することで生じるものです．その原因や塩分の浸入経路から，(1) 内在塩分による塩害，(2) 飛来塩分や凍結防止剤の外来塩分による塩害に大きく分類することができます．現在までのところ，内在する塩分に関しては塩分の総量規制により改善されていますが，飛来塩分や凍結防止剤などによる外部環境からコンクリート中に浸透する塩分の影響について研究が進められ，新たな事実が明らかにされています．

ここでは，(1) 内在塩分による塩害，(2) 飛来塩分や凍結防止剤の外来塩分による塩害について，簡単に説明します．

### (1) 内在塩分による塩害

コンクリート中に内在する塩分は，セメントや水，混和剤に含まれるもの，砂や骨材に含まれるものがあります．以前は十分な除塩を行っていない海砂を利用したため，大きな問題となりました．現在，海砂は除塩して使用されているため，ほとんどが塩分を含まないものに切り替わっています．現在のフレッシュなコンクリートに内在する塩分については，JIS 規格でも制限されており問題はないと考えられます．

海砂の使用について簡単に説明します．1955 年 (昭和 30) 以降の高度成長期に数多くのコンクリート構造物がつくられるようになりましたが，骨材の枯渇問題や河川法などの規制によりコンクリート材料である川砂が不足し，1965 年以降，海砂が使用されるようになりました．当初は，海砂といっても河口の砂が主であり，さらに川砂と混合して使用していました．その後，本格的な除塩対策や除塩方法が確立しないまま，十分に除塩しない海砂の使用が増加する傾向となりました．その結果，1975 年以降，骨材不足が深刻な問題となっている瀬戸内地区で海砂使用による鋼材腐食が問題になってきました．十分に除塩しない海砂を用いた構造物で，かぶりの不足やコンクリートの低品質と相まって，鋼材腐食が問題となったことも事実です．しかし，海

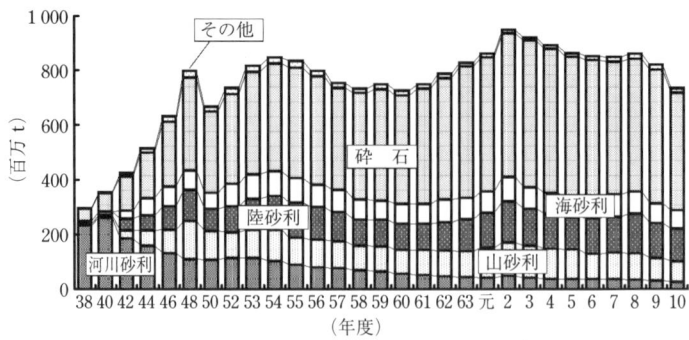
図1 種類別骨材供給量推移 (全国)[1]

砂使用によってコンクリート中の塩分が相当あると予測されるにもかかわらず，鋼材腐食との因果関係が明らかにならず，海砂そのものが鋼材腐食に直接関係していると判定することが難しい事例も多くありました．

図1に種類別骨材供給量推移[1]を示します．これによると，海底から採取される海砂利(粗骨材と細骨材)は，昭和40年代(1965–1974)の後半頃まで増加していますが，その後は大きく変化していません．1975年後半には海砂の除塩をすることにより塩分総量規制を満足できるようになり，海砂使用による塩害は改善され現在に至っております．塩分量規制の歴史については，もう少し詳しく **Q08** に説明しています．

(2) 飛来塩分や凍結防止剤の外来塩分による塩害

● 飛来塩分による塩害

1981年度頃，海砂使用による塩害の顕在化と時を同じくして飛来塩分による塩害が道路橋で顕在化してきました．当初は東北の日本海岸の一部に見られていましたが，道路管理者の各機関で実施された構造物の一斉調査の結果，多くの場所で，様々な構造物に塩害が確認され，被害の深刻さが問題となりました．

この飛来塩分とは，海から吹き付ける塩分で海水滴や海塩粒子などを指し，地域，地形，風向などの環境条件によって飛来する塩分量が異なります．飛来塩分を測定した事例を図2に示します．これによると海岸からの距離が同じでも，塩分量はばらついています．そして，図3に示すように，飛来塩分量分布では日本海岸地域と沖縄地域に多いことがわかります．一般的に飛来

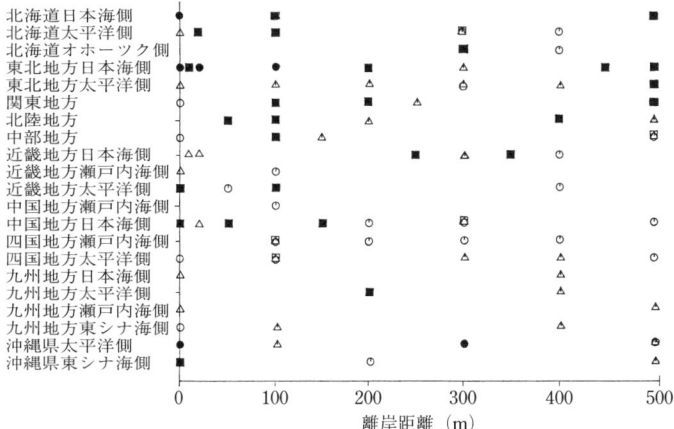

**図2** 飛来塩分量の測定事例[2]

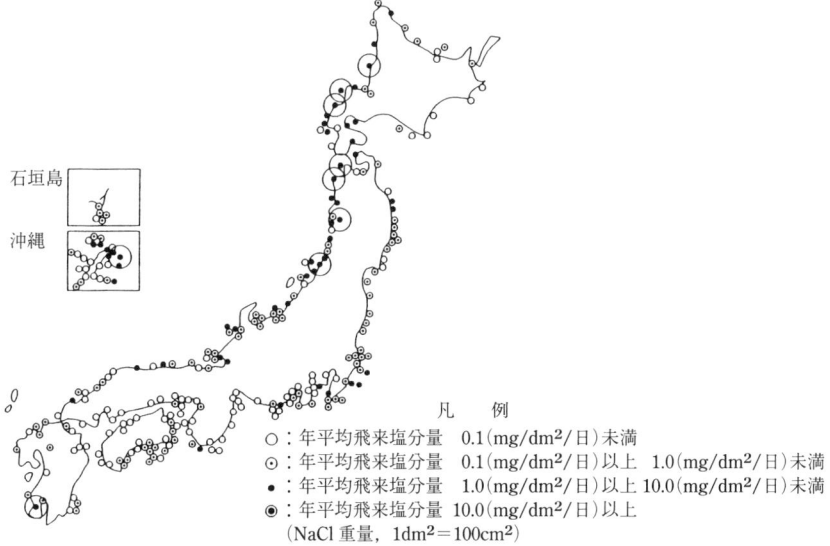

**図3** 飛来塩分量の分布[3]

塩分は太平洋側に比べ日本海側が多く，海岸から内陸部になるに従って少なくなることが明らかになってきました．

飛来塩分がコンクリート表面に付着すれば，コンクリート内部に浸透し，鋼材腐食限界を超えると鋼材腐食が始まります．写真1に典型的な塩害事例を示します．この橋梁は日本海沿いに建設されており，写真1(a)に見るように直接波しぶきを受ける厳しい環境にあります．補修後でも再び鋼材腐食が進行し，やがて写真1(b)に見るように，プレストレストコンクリートの原理であるPC鋼材が破断する損傷までに至っている事例もあります．

塩害は橋梁に限ったことではなく，海岸沿いに建設された桟橋，コンクリート杭，防波堤，バージ，産業施設などの海洋構造物でも問題となっています．

(a) 橋梁環境と支保工の設置

(b) 腐食によるPC鋼材破断

**写真1** 塩害の典型的事例[4]

● 凍結防止剤による塩害

寒冷地では，冬期に道路の路面凍結を防ぐ目的で，凍結防止剤を多量に散布します．この凍結防止剤の主成分は，塩化ナトリウムや塩化カルシウムなどです．

アメリカやカナダでは，1980年頃から凍結防止剤によるコンクリート構造物の塩害が大きな問題となっています．1981年度の調査によると橋梁の22.7％が構造的欠陥を有しており，21.9％が機能的に陳腐化していると報告されています[5]．冬期に散布される凍結防止剤が鋼材を腐食させる原因となり，路面に堆積したゴミなどによる排水不良が被害を増幅させています．吊橋では，アンカレッジ内に流入した雨水と結露により，ケーブルの定着部のストランドが腐食している場合もあります．写真2はハンター・ポイント橋の損

**写真 2** ハンター・ポイント橋の劣化状況[5]

傷を示していますが，同橋は劣化が著しいために閉鎖されていました．

　一方，わが国では，1991年にスパイクタイヤの使用禁止に伴い，凍結防止剤の散布量は飛躍的に増大しました．その結果，橋面の壁高欄コンクリートや伸縮装置部からの凍結防止剤による塩分を含んだ水の漏水による塩害と考えられる損傷が見られるようになりました．

　このように塩害は海砂の使用，飛来塩分，凍結防止剤の散布によるものがあります．この中でも飛来塩分による塩害の事例が最も多く，また，被害が大きくなっています．

【参考文献】
1) 国土交通省：骨材需給動向調査　参考資料—西日本の砂需給動向とその対応—，2001.6
2) 建設省土木研究所：建設省総合技術開発プロジェクト—コンクリートの耐久性向上技術の開発，1988.11
3) 片脇 清士：最新のコンクリート防食と補修技術，山海堂，1999
4) 見波 潔ほか：暮坪陸橋の塩害損傷とその対策，土木施工，Vol.35, No.7, 1994
5) 山根 孟，櫻井紀朗：「荒廃するアメリカ」の道路事情，橋梁と基礎，Vol.22, No.8, pp.9–10, 1988

## 03 塩害がなぜ社会的に大きな関心を呼ぶことになったのですか．

> 半永久的な耐用年数をもつものと信じられていたコンクリート構造物が，近年意外にも早期に劣化することのあることが明らかにされ，公共施設のみならず個人資産の損失として広く国民に深刻に受け止められました．

コンクリート構造物は，高度成長期以降に数多く建設され，現在は社会的な需要をもった資本となっています．

図1は，過去10年間に行われた道路橋の架替え理由を示しています．上部構造の損傷による架替えは全体の13％程度となっています．損傷に着目すると図2に示すように，コンクリートの亀裂・剥離の中で塩害と特定できるものだけでもPC橋で16.7％となっています．

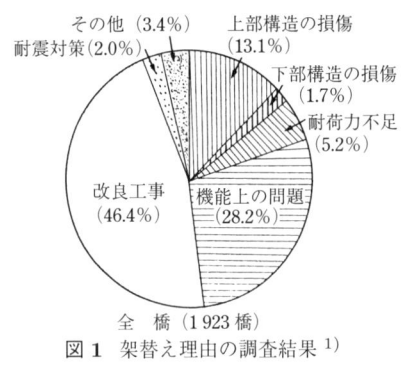

図1 架替え理由の調査結果[1]

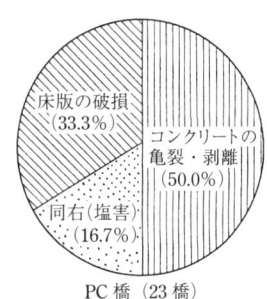

図2 上部構造の損傷による架替え理由の内訳[1]

塩害を受けたコンクリート構造物が建設された当時は塩害のメカニズムの解明やその対策が不十分であり，当時は適切と考えられた補修を行っても，補修後の再劣化に対する認識があまりなかったことなども被害を大きくしたものと考えられます．

コンクリート技術者は，社会資本としてのコンクリート構造物の重要性を自覚したうえで，塩害で損傷を受けた構造物が数多くあること，鉄筋腐食を放置した場合には構造物の安全性に問題が生じる場合があることを認識し，次

写真1　プレテンション方式T桁橋の塩害による損傷

世代に向けた健全な社会資本の蓄積の観点から塩害を社会的問題として真摯に受け止める必要があります．

社会資本を利用する一般市民は，テレビ番組「警告！　コンクリート崩壊・忍び寄る腐食」や「コンクリートクライシス」，さらには「荒廃するアメリカ」で，コンクリートのひび割れや鉄筋の腐食状況が大々的に報道された結果，写真1に示すような著しい損傷が生じることを知り，社会資本の安全性に不安を抱くようになりました．

また，マンションなどの個人資産を保有する市民は，建設後10年にも満たない間に多くのひび割れや雨漏りなどの欠陥が生じた事例などが「マンション点検シリーズ」で放映された結果，個人資産の損失として深刻な問題として受け止めました．

このような安全性に対する不安や個人資産の損失は，社会経済が低迷していることも相まって，大きな社会問題となりました．

【参考文献】
1) 西川 和廣：ライフサイクルコストを最小にするミニマムメンテナンス橋の提案，橋梁と基礎，Vol.31, No.8, pp.64–72, 1997

## 04 塩害以外にもコンクリート構造物を劣化させる要因にはどのようなものがありますか.

> コンクリートの劣化要因には，荷重や凍結融解などの物理的な作用に伴うものと，塩害，中性化，アルカリ骨材反応などの化学的な反応に伴うものとがあります．

　一般に，コンクリート構造物の劣化原因は，表1のように物理的・化学的・電気化学的な作用によるコンクリートや鋼材の劣化に大別できます．また，不適切な設計・施工は，ジャンカやコールドジョイントなどの初期欠陥を誘発することになります．それによってコンクリート内部に水分や炭酸ガスあるいは塩化物イオンが浸透しやすくなるので，予想以上に極めて早い時期に劣化を生じさせる原因となる場合があります．

　アルカリ骨材反応および海砂等の使用による塩害は，コンクリートを製造した時点から潜在的な劣化要因をもつもので，他の劣化要因とは大きく異なります．すなわち，アルカリ骨材反応および海砂等の使用による塩害については，使用する材料を吟味することで，それらに起因するコンクリート構造物の劣化を未然に防止できます．一方，飛来塩分による鋼材腐食やコンクリートの中性化は，コンクリート構造物を供用する間で徐々にコンクリートや鋼材を蝕むものです．そのため，コンクリートの劣化要因を建設前に予想し，構造物に劣化が生じないように，または，生じても極めて軽微な損傷にとどまるように設計・施工を行うことを基本としています．

　しかしながら実環境下においては，表1に示すように構造物には複数の劣化要因が作用するので，これらの要因が単独で作用する場合より劣化が促進されやすくなります．除塩不足の海砂を用いた場合のように，塩化物イオンの存在下でコンクリートの中性化が進行する場合には，それぞれが単独で作用する場合よりも鋼材の腐食が早く進行することが確かめられています．図1は塩分含有供試体を促進中性化させた例です．この図から，中性化深さが0mmの場合は塩化物イオン量が5.0 kg/m$^3$でも腐食せず，また逆に中性化深さが26mmであっても塩化物イオン量が0 kg/m$^3$ならば腐食面積率はわずかであることがわかります．しかしながら，中性化深さが大きいほど，また塩

化物量が多いほど鋼材の腐食面積率が増大し，複合的に劣化を促進させています．また，アルカリ骨材反応や凍結融解などによるひび割れの発生は塩化物の浸透量を増加させ，それによって鋼材腐食を加速させることになります．

表1　コンクリートの劣化要因の分類

物理的な作用による劣化
- 荷重
  - 交通事故，地震などによる過大荷重　⇒ コンクリートの劣化(ひび割れ等)
  - 鉄道，道路，波浪などによる繰返し応力　⇒ コンクリートの劣化(ひび割れ等)
- 温度・湿度
  - 寒冷地における凍結融解作用　⇒ コンクリートの劣化(ひび割れ等)
  - 乾燥・乾湿繰返し　⇒ コンクリートの劣化(ひび割れ等)
  - 加熱　⇒ コンクリートの強度低下・爆裂
- 摩擦
  - すりへり・摩擦　⇒ コンクリート表面からの連続的な劣化
  - キャビテーション　⇒ コンクリート表面の劣化・爆裂

化学反応に伴う劣化
- 塩害　塩化物イオンの海岸地区での飛来・浸透，海砂等による混入，寒冷地での凍結防止剤の浸透等　⇒ 鉄筋の腐食
- 中性化　大気中の$CO_2$，焼却場等からの排出$CO_2$　⇒ コンクリートの中性化(pH低下)
- アルカリ骨材反応　反応性骨材の膨張圧の作用　⇒ コンクリートの劣化(ひび割れ等)
- 酸侵食　化学工場，温泉地，下水道(生物学的作用を含む)等で発生する酸の作用　⇒ コンクリート表面からの連続的な劣化
- 電食　鉄道，変電所，電気化学工場等での迷走電流　⇒ 正極：鉄筋の腐食／負極：コンクリートの付着力低下

⇒ 性能低下

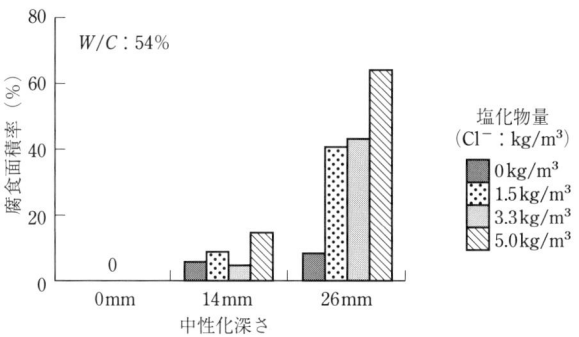

図1　塩化物量が促進中性化による腐食面積率に及ぼす影響[1]

【参考文献】
1) 土木学会：鉄筋腐食・防食および補修に関する研究の現状と今後の動向[その2]，コンクリート技術シリーズ40，2000.12

# 第2章

# 劣化要因とそのメカニズム

## 05 海中コンクリート構造物の塩害について教えて下さい．

> 海中にあるコンクリートにも塩分は浸透しますが，一般に，酸素の供給量が少ないため腐食速度は小さくなります．

海中環境は，干満帯，海水中に大きく区分することができます．図1に各海中環境における鋼構造物の腐食速度の概念図を示します[1]．これによると，腐食速度は，飛沫帯が最大であり，ついで海水中の表層部，表層部を除く海水中の順に減少します．なお，常に海水浸漬と水面露出の繰返しの続く激しい腐食環境にあるにもかかわらず，干満帯での腐食速度が他の環境より小さくなっています．これは，干満帯中の平均水面付近と海水中上部でマクロセルが形成され，干満帯中の平均水面付近がカソードとなるためです．

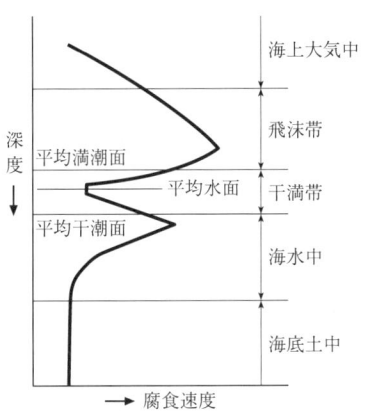

図1 港湾鋼構造物の腐食傾向図[1]

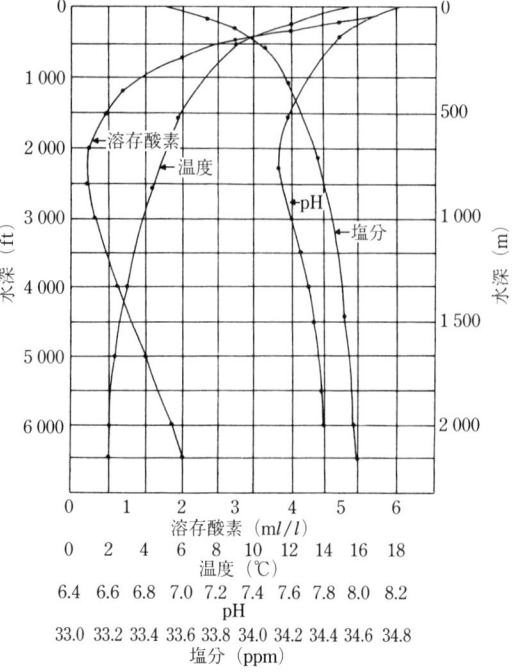

図 2 溶存酸素の水深方向の分布 (太平洋)[2]

このように,海水中上部を除く部位と海底土中の腐食速度は,飛沫帯,海水中上部と比較して非常に小さく,前者は 0.1〜0.2 mm/年,後者は 0.03〜0.05 mm/年といわれています.これは海上大気中の腐食速度とほぼ同程度です.

どうして,このように塩化物イオンが多量にあるにもかかわらず,腐食速度が非常に遅いのでしょうか.それは,鋼材が腐食するためには塩化物イオンと酸素が必要となることと関係があるからです.

図 2 に海水中における溶存酸素の水深方向の分布を示します[2].海水中の溶存酸素は,海水中上部では 6.0 ml/l 以上存在していますが,水深 500 m では 0.6 ml/l 程度まで急激に減少しています.また,図 3 に鋼材の腐食速度と溶存酸素の関係を示します[2].海水中の溶存酸素量が増大しますと,鋼材に供給される酸素量が直線的に増加し,その結果として腐食速度が増大します.この図に,上述の溶存酸素量を当てはめてみると,海水中上部 (溶存酸素量 6.0 ml/l) では腐食速度が約 0.2 mm/年以上であるのに対して,水深 500 m(溶

存酸素量 0.6 ml/l) では 0.03 mm/年程度です．この結果，海水中では塩化物イオンが多量にあるにもかかわらず，鋼材への酸素供給が少ないことから腐食速度が遅くなります．

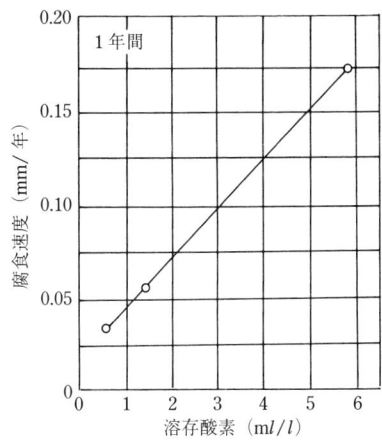

**図 3** 鋼材の腐食速度と溶存酸素との関係 (太平洋)[2)]

図 4 は約 40 年間，海洋環境に暴露された PC 杭の海上大気部，干満部，海中部および土中部における全塩分量を測定した結果を示したものです[3)]．

大気部を除きコンクリート中には塩化物イオン濃度で 0.4〜0.5 % (およそ 10 kg/m$^3$) が浸透しているにもかかわらず，PC 鋼材の腐食は確認されておらず，機械的性質の変化もなかった，と報告されています．

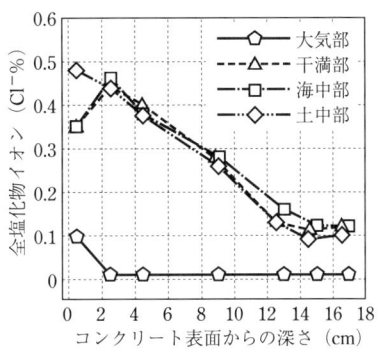

**図 4** 塩化物イオンの浸透深さ[3)]

【参考文献】
1) 阿部 正美：海洋および港湾構造物における防食および補修法に関する研究, 学位論文, 1998
2) 沿岸開発技術研究センター：港湾鋼構造物防食・補修マニュアル (改訂版), 1997
3) 福手 勤ほか：PC 杭の海洋環境下における耐久性, 土木学会第 53 回年次学術講演会, pp.220–221, 1998

## 06 コンクリート構造物は塩害によってどうして劣化するのですか．

　コンクリート中の細孔溶液は強アルカリ性であるため，これと接する鋼材表面に不動態皮膜が形成され，鋼材との腐食反応に必要な水素イオン $H^+$ や溶存酸素 $O_2$ などとの接触を防いでいます．ところが，コンクリート中に塩化物イオン ($Cl^-$) がある量を超えると，鋼材の不動態皮膜は破壊され，体積膨張を伴う錆の生成を生じ，かぶりコンクリートのひび割れや剥落等の劣化をひき起こします．

　コンクリートはアルカリ性が高く，鋼材の表面には緻密な不動態皮膜 (20〜60Å厚の水和酸化物 $\gamma\text{-}Fe_2O_3 \cdot nH_2O$ からなる薄い酸化皮膜) が形成されているので，コンクリート中に塩化物イオンが存在せず，また中性化などを生じていない健全なコンクリート中の鋼材は，腐食しにくい状況下に置かれています．

　不動態皮膜の性質に関しては主として2つの見解があります．第一は酸化物皮膜 (oxide film theory) と呼ばれるもので，イギリスの Evans に代表され，不動態は金属の腐食生成物である酸化物皮膜がその後の反応の障壁層となっている状態であるとするものです．これに対して，第二の考え方は，溶解反応に必要な水分子と不導態化剤分子とが置換して，金属原子に化学吸着した状態が不動態であって，酸化物となることは必ずしも必要としないとする化学吸着説 (chem-sorption theory) で，アメリカの Uhing らによって唱えられています[1]．

　ところが，構造物建設時に多量の塩分を含む海砂を用いたコンクリートや，寒冷地での凍結防止剤の使用，沿岸部における飛来塩分のコンクリート構造物への浸透によって，コンクリート中の塩化物イオンがある量を超えると，鋼材表面の不動態皮膜が部分的に破壊され，一転して腐食しやすい状態に変化し，写真1に示すように鋼材は腐食して構造物は損傷を受けてしまうのです．コンクリート中の鋼材腐食が始まる塩化物イオン量は，$1.2 \sim 2.5\,kg/m^3$ と研究者によって異なった説となっていますが，コンクリート構造物に関する規準等では安全側に $1.2\,kg/m^3$ が多く採用されるようになってきました．

**(a)** 主桁のひび割れ，錆汁　　　　**(b)** 主桁下面コンクリートのひび割れ

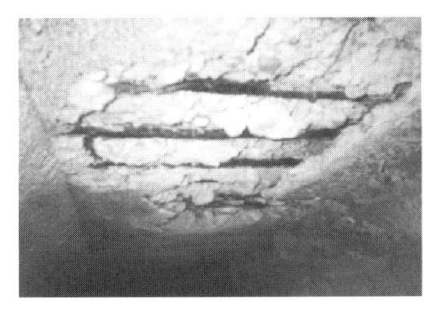

**(c)** 床版部鉄筋露出

**写真 1** 塩害によって劣化を受けた橋梁の事例

　塩化物イオンによる不動態皮膜の破壊のメカニズムを図1に示します．コンクリート中には細孔溶液と呼ばれる水が存在しており，中性化していなければ細孔溶液は一般にpH12～13の強アルカリ性を示します．このような強アルカリ環境では，鋼材は不動態化しており安定した状態にあります．しかしながら，鋼材表面における塩化物イオンがある濃度に達すると，不動態皮膜に塩化物イオンが割り込み，この部分での皮膜が破壊されます．

　不動態皮膜が破壊され，活性状態となった鋼材表面付近では，酸素と水の存在下で下式に示す電気化学的な反応により，その表面に水酸化第一鉄 $Fe(OH)_2$，水酸化第二鉄 $Fe(OH)_3$ や，赤錆 $Fe_2O_3$ あるいは黒錆 $Fe_3O_4$ などの腐食生成物が生じます．鉄は錆びることにより約2.5倍の体積となりますから，錆の生成により膨張圧がコンクリートに働き，かぶりコンクリートのひび割れや剥落をひき起こします．また，孔食などの局所的腐食により応力集中が生じて鋼材そのものが破断に至る場合も生じます．

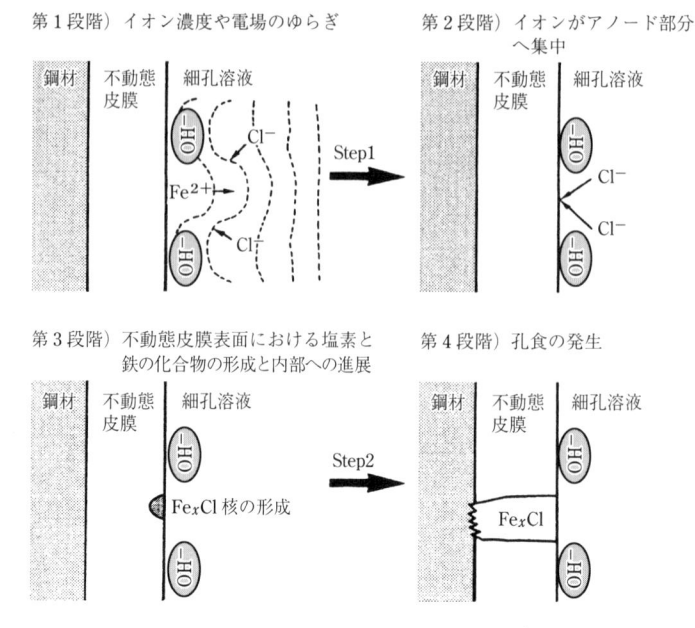

第1段階）イオン濃度や電場のゆらぎ　　第2段階）イオンがアノード部分へ集中

第3段階）不動態皮膜表面における塩素と鉄の化合物の形成と内部への進展　　第4段階）孔食の発生

図1　鋼材の不動態皮膜の破壊 [2]

$$Fe + \frac{1}{2}O_2 + H_2O \rightarrow Fe(OH)_2$$

図2に示すように，この反応式は電子の授受を含みアノードおよびカソード反応によって構成されています．

$$Fe \rightarrow Fe^{2+} + 2e^- \quad (陽極：アノード反応［酸化反応］)$$

$$\frac{1}{2}O_2 + H_2O + 2e^- \rightarrow 2OH^- \quad (陰極：カソード反応［還元反応］)$$

これらの腐食発生のメカニズムから，塩化物イオン($Cl^-$)は，アノード反応，カソード反応の反応式には含まれておらず，不動態皮膜の破壊を促進させる要因の一つとなります．

そして，これらの反応は，図2からわかるように，腐食反応は酸化・還元反応により形成される腐食電池(腐食セル)を形成して進行します．そして，腐食電池の形態は，マクロセルとミクロセルに大別されます．陽極であるアノード部(アノード反応が優先的に生じる部分)と陰極であるカソード部(カ

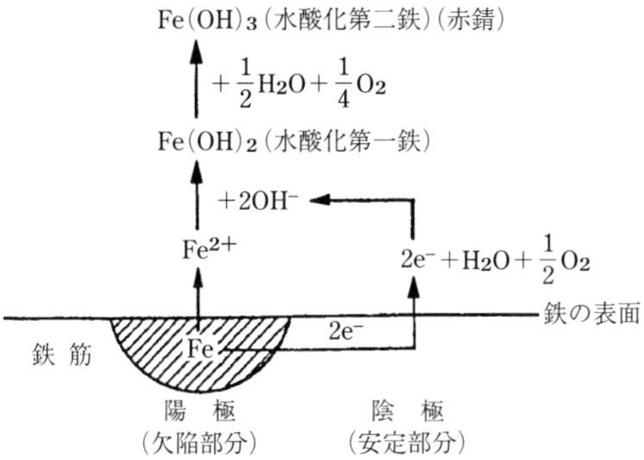

$Fe(OH)_3$（水酸化第二鉄）（赤錆）

$\uparrow + \frac{1}{2}H_2O + \frac{1}{4}O_2$

$Fe(OH)_2$（水酸化第一鉄）

$\uparrow +2OH^-$

$Fe^{2+}$　　　　$2e^- + H_2O + \frac{1}{2}O_2$

鉄筋　Fe　　$2e^-$　　　　鉄の表面

陽極　　　　陰極
（欠陥部分）　（安定部分）

図2　鋼材の腐食反応機構

ソード反応が優先的に生じる部分）が明らかに異なる部分に存在する電池（セル）をマクロセルと呼び，コンクリートの場合，通常アノード部とカソード部が数十cm以上離れた場所で形成するセルです．一方，アノード部とカソード部がほぼ同じ部分に位置し明確に両者の位置を区別することができない電池（セル）をミクロセルと呼び，通常1～2cm以下の狭い範囲で形成されます．

【参考文献】
1) H. H. ユーリックら：腐食反応とその制御，pp.72-75，産業図書，1985
2) 日本コンクリート工学協会：コンクリート診断技術'01［基礎編］，2001
3) 宮川 豊章：コンクリート構造物の耐久性向上の問題点と対策，コンクリート工学，Vol.32, No.6, 1994

## 07 飛来塩分がどのようなプロセスでコンクリート構造物へ浸入するのか教えて下さい．

> コンクリート表面に到達した塩化物イオン(塩分)は，コンクリート中を浸透し，時間の経過とともに鋼材表面へ到達します．

海洋環境下にあるコンクリート構造物は，NaClに換算して3～4％の塩分を含有する海水が，直接あるいは風にのって飛来し，コンクリート構造物に到達してコンクリート表面に付着し，その後コンクリート中の細孔溶液中を伝ってコンクリート内部へと浸透します．

以下に，海水の飛来，コンクリートへの浸透メカニズムと浸透速度を表す拡散式について解説します．

### (1) 飛来塩分

コンクリート構造物に飛来する塩分として，海水滴と海塩粒子があります．

海水滴は沿岸で波砕帯により生じる直径約4mm以下の微細なもので，通常，飛散する範囲は汀線から数十mまでですが，台風や強い季節風などにより，地域によっては数百m～1km以上にまで達することがあります．

海塩粒子は海面に発生する海水気泡が破裂する際に大気中に放出される3～18μm程度の微粒子で，その飛来量は，海から200m付近までは多く，それ以上はなれれば激減する傾向がありますが，細径のものは時として数十km離れた地点にまで到達するといわれています．

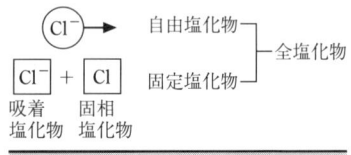

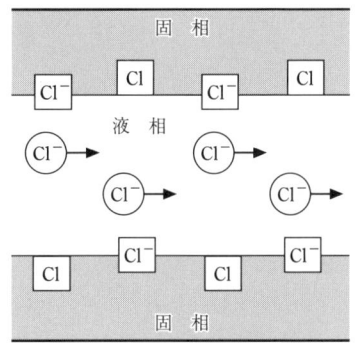

図1 コンクリート中の塩化物イオンの分類[1]

### (2) コンクリートへの浸透メカニズム

コンクリート構造物に飛来した塩分は，塩化物イオン($Cl^-$)としてコンクリートの細孔溶液を伝ってセメント水和物への固定化と解離を繰り返しながらコンクリート内部へと浸透していきます．

図1に示されるように，コンクリート中の塩化物は自由塩化物 (Cl$^-$) と固定塩化物 (Cl$^-$, Cl) に分類されます．塩化物イオンはコンクリート中の細孔溶液中を時間の経過とともに内部へと移動します．したがって，水セメント比が小さい緻密なコンクリートは，この細孔量が少なくなるため塩化物イオンの浸透は遅くなり，また，乾燥したコンクリートは細孔溶液の量が減るために塩化物イオンの浸透は遅くなります．一方で，塩化物イオンはセメント水和物へのフリーデル氏塩への化学的な固定，あるいはセメント水和物表面に電気的に吸着されると考えられており，浸透過程では固定化の影響を受けます．

図2に含水率と浸透速度を表す塩化物イオンの拡散係数との関係について研究された一例を示します[1]．この図では含水率が低くなると浸透速度を表す拡散係数は大きく低下しており，コンクリートの含水率が浸透速度に与える影響は大きいことがわかります．

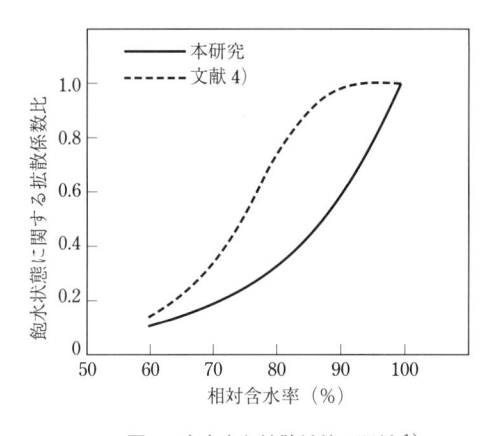

**図2** 含水率と拡散係数の関係[1]

そのほか，塩化物イオンの浸透速度に影響を及ぼす要因として，骨材とセメントペーストの界面に存在する遷移帯の存在，単位骨材量，細孔径分布の影響などがあり，また凍結融解作用を受けたコンクリートでは微細なひび割れによって拡散係数が大きく増加することも報告されています[2]．

一方で，細孔溶液中の塩化物イオンの移動のメカニズムとして，拡散と移流があります．拡散は塩化物イオンの濃度勾配，すなわちコンクリート表面付近にある高い塩化物イオン濃度がより低い濃度であるコンクリート内部へ

と移動するものです．また移流は，外部環境の変化によってコンクリートが乾燥と湿潤作用を受け，これによって塩化物イオンが細孔溶液とともに移動するものです．

### (3) 浸透を表す拡散方程式

前述のように，コンクリート中の塩化物イオンの浸透は，細孔溶液中における拡散と乾湿による移流があります．しかしながら，移流についてはどの程度，浸透に影響しているかなど不明な点が多く，また実環境下の構造物の塩化物イオン濃度分布は拡散理論を適応してもほぼ近似できることから，一般に塩化物イオンの拡散の予測にはフィックの第 2 法則として知られる次式の拡散方程式 (1) を用い，境界条件に相当するコンクリート表面の塩化物イオン濃度を一定であると仮定して解いた解である式 (2) で表します．

$$\frac{\partial C}{\partial t} = D_c \left( \frac{\partial^2 C}{\partial x^2} \right) \tag{1}$$

ここに，$C$：液相の塩化物イオン濃度
　　　　$D_c$：塩化物イオンの拡散係数
　　　　$x$：コンクリート表面からの距離

$$C(x, t) = C_0 \left( 1 - \mathrm{erf} \frac{x}{2\sqrt{D_c t}} \right) \tag{2}$$

ここに，$C(x, t)$：深さ $x$ (cm)，時刻 $t$ (年) における塩化物イオン濃度 (kg/m$^3$)
　　　　$C_0$：表面における塩化物イオン濃度 (kg/m$^3$)
　　　　$D_c$：塩化物イオンの見かけの拡散係数 (cm$^2$/年)
　　　　erf：誤差関数

式 (2) は塩化物イオン濃度分布式として特によく用いられています．この式は，コンクリート中での固定化現象や移流の問題など，塩化物イオンの移動するメカニズムを正確に表したものではありません．また，表面における塩化物イオン濃度は，実際は時間の経過とともに増加しますが，ここでは常に一定であると仮定しています．したがって，式 (2) における塩化物イオンの浸透速度を表す拡散係数は「見かけの拡散係数」であるといえ，また塩化物イオン濃度は，セメント水和物に固定化されたものも含むすべての塩素の濃度として表されています．

図3は，水セメント比 ($W/C$) と見かけの拡散係数の関係式[3)] を用いて，式(2) より塩化物イオン濃度が鋼材腐食発錆濃度とされている $1.2\,\mathrm{kg/m^3}$ となるまでの時間とコンクリート表面からの距離との関係を，水セメント比 ($W/C$) をパラメーターとして示したものです．このように，フィックの法則に基づく拡散方程式を用いることによって，将来における塩化物イオン濃度の浸透量を予測することが可能となります．

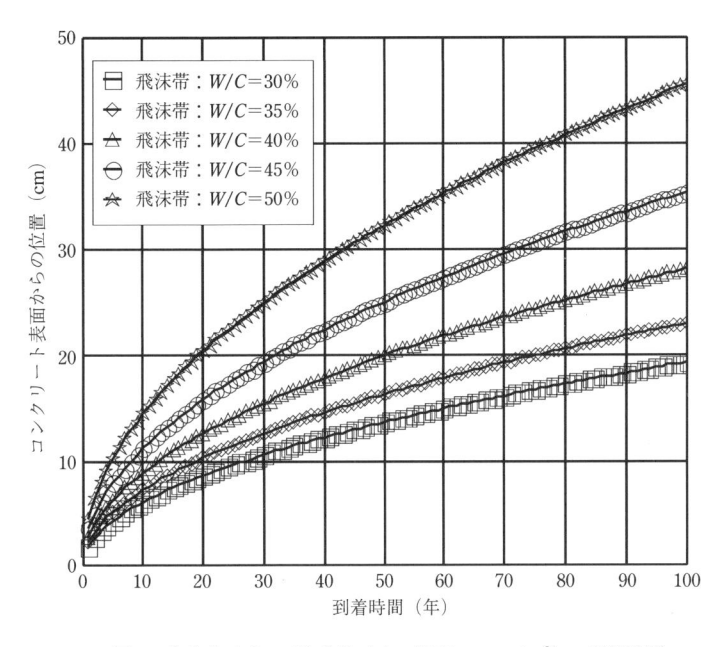

図3 塩化物イオン (塩化物イオン濃度 $1.2\,\mathrm{kg/m^3}$) の到達時間

【参考文献】
1) 土木学会：鉄筋腐食・防食および補修に関する研究の現状と今後の動向 ［その2］，コンクリート技術シリーズ 40, 2000.12
2) 日本コンクリート工学協会：複合劣化コンクリート構造物の評価と維持管理計画に関するシンポジウム：塩害環境下において凍結融解作用を受けるコンクリートの塩化物イオンの浸透性, 2001.5
3) 土木学会：平成 11 年度版コンクリート標準示方書—耐久性照査型—［施工編］，コンクリートライブラリー 99, 2000.1
4) 佐伯竜彦，二木央：不飽和モルタル中の塩化物イオンの移動，コンクリート工学年次論文報告集，Vol.18, No.1, pp.963-968, 1996

## 08 塩分規制の変遷について教えて下さい．

　海砂の使用など，コンクリート製造時に含まれる内在塩分によって生じた塩害が顕在化し，コンクリート製造時の塩分量が規制されることとなりました．

　塩害が生じた構造物のコンクリート中に含まれる塩化物は大別して，コンクリートの製造時のまだ固まらないコンクリートに含まれる塩化物と，建設後の硬化したコンクリートに外部から浸透する塩化物に分けることができます．まだ固まらないコンクリートに含まれる塩化物量を内在塩分量と呼んでいます．

　コンクリートを構成するセメントや骨材，混和材料，練混ぜ水(水道水にも含まれる)などには微量ですが塩化物イオンが含まれ，また，各材料中の塩化物はコンクリート練混ぜ時に容易に溶け出して均一となることから，個々の材料の規制ではなく，コンクリート中に混入される塩化物イオンの総量を規制する，塩化物総重量規制が設けられています．

　図1にコンクリートの内在塩分量に関する規制の大きな流れを示します．内在塩分量の規制は昭和30年代(1955–1964)からすでに建築物の細骨材に対して実施されていました(図1①)．

　土木構造物では，昭和40年代(1965–1974)の川砂資源不足から海砂が使用されるようになり，日本コンクリート会議(現在の(社)日本コンクリート工学協会)で細骨材の塩分規制を見直すために「海砂に関する調査研究委員会」が設けられました(図1②)．

　海砂に関する調査研究委員会では，構造物調査や海外規格調査の結果などから，「塩化物の許容限度は構造物の設計・施工全般にわたり，なんらかの措置を講ずるものとして，NaCl換算で0.1％とする」という結論が提案されました[1]．この後，土木学会では，1974年に制定された「RC標準示方書解説」の中に，海砂に含まれる塩化物に許容限度が設けられました(図1③)．また，1978年には，JIS A 5308(レデーミクストコンクリート)の骨材規格に塩分規制がとり入れられました(図1④)．

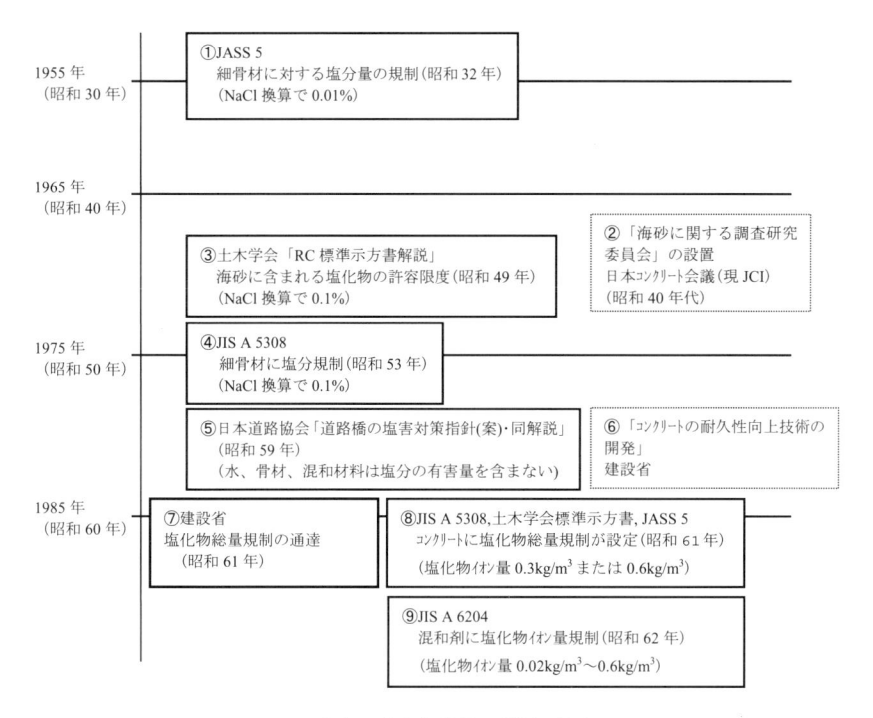

## 図1 内在塩分量の規制の流れ

**1955年（昭和30年）**
① JASS 5
細骨材に対する塩分量の規制(昭和32年)
(NaCl換算で0.01%)

**1965年（昭和40年）**
② 「海砂に関する調査研究委員会」の設置
日本コンクリート会議（現JCI）
(昭和40年代)

③ 土木学会「RC標準示方書解説」
海砂に含まれる塩化物の許容限度(昭和49年)
(NaCl換算で0.1%)

**1975年（昭和50年）**
④ JIS A 5308
細骨材に塩分規制(昭和53年)
(NaCl換算で0.1%)

⑤ 日本道路協会「道路橋の塩害対策指針(案)・同解説」
(昭和59年)
(水、骨材、混和材料は塩分の有害量を含まない)

⑥ 「コンクリートの耐久性向上技術の開発」
建設省

**1985年（昭和60年）**
⑦ 建設省
塩化物総量規制の通達
(昭和61年)

⑧ JIS A 5308, 土木学会標準示方書, JASS 5
コンクリートに塩化物総量規制が設定(昭和61年)
(塩化物イオン量 $0.3kg/m^3$ または $0.6kg/m^3$)

⑨ JIS A 6204
混和剤に塩化物イオン量規制(昭和62年)
(塩化物イオン量 $0.02kg/m^3 \sim 0.6kg/m^3$)

1970年代半ばに，道路橋において塩害が問題視されるようになり，このため，1984年に「道路橋の塩害対策指針(案)・同解説」が作成されました．この中では，「コンクリートに用いる水，骨材，混和材料は，塩分の有害量を含んではならない」とされました(図1⑤)．

一方で，AE減水剤促進型が塩化物イオンを含むなど，当時は硬化促進剤として塩化カルシウムが実務的に用いられており，また，細骨材の規制値を工事現場で直接管理・検査することは極めて困難であるとの認識がありました．そこで，1984年に建設省は「技術評価制度」でフレッシュコンクリート中の塩化物イオン量を直接測定する技術開発を公募して実用的な機器を認定し，また，1985年度に建設省総合技術開発プロジェクト「コンクリートの耐久性向上技術の開発」でコンクリート中の塩化物量の具体的な規制値に関する検討がなされました(図1⑥)．これらを受けて1986年には建設省から塩化物総量規制が出され，コンクリートに含有する塩化物量の規制が実効あるも

のとなりました (図1⑦)[1]).

その後, JIS, 土木学会, 建築学会などでは塩化物の規制として建設省の通達と同様な内容の規制が設けられました (図1⑧⑨).

参考として図2に, 1986年に建設省から出されたコンクリート中の塩化物総量規制基準 (土木構造物) を, 現在のコンクリート中塩化物イオン量の許容値を表1に示します.

---

コンクリート中の塩化物総量規制基準 (土木構造物)

1. 適用範囲

　建設省が建設する土木構造物に使用されるコンクリートおよびグラウトに適用する. ただし, 仮設構造物のように長期の耐久性を期待しなくてもよい場合は除く.

2. 塩化物量規制値

　フレッシュコンクリート中の塩化物量については, 次のとおりとする.

(1) 鉄筋コンクリート部材, ポストテンション方式のプレストレストコンクリート部材 (シース内のグラウトを除く) および用心鉄筋を有する無筋コンクリート部材における許容塩化物量は, $0.60\,\mathrm{kg/m^3}$ ($Cl^-$ 重量) とする.

(2) プレテンション方式のプレストレストコンクリート部材, シース内のグラウトおよびオートクレーブ養生を行う製品における許容塩化物量は $0.30\,\mathrm{kg/m^3}$ ($Cl^-$ 重量) とする.

(3) アルミナセメントを用いる場合, 電食のおそれのある場合等は, 試験結果等から適宜定めるものとし, 特に資料が無い場合は $0.30\,\mathrm{kg/m^3}$ ($Cl^-$ 重量) とする.

3. 測　定

　塩化物量の測定は, コンクリートの打設前あるいはグラウトの注入前に行うものとする.

---

図2　コンクリート中の塩化物総量規制基準 (土木構造物)[1)]

表1　コンクリート中塩化物イオン量の許容値[2)]

| | コンクリート標準示方書 | JIS | JASS 5 |
|---|---|---|---|
| コンクリート中の許容塩化物イオン量 | $0.30\,\mathrm{kg/m^3}$ (ただし, 一般のRC部材やポストテンションのPC部材では, 防錆上有効な対策を講じたうえで, やむを得ない場合は $0.60\,\mathrm{kg/m^3}$ まで許容) | レディーミクストコンクリートの塩化物含有量は, 荷卸し地点で, 塩化物イオン ($Cl^-$) 量として $0.30\,\mathrm{kg/m^3}$ 以下でなければならない. 購入者の承認を受けた場合には $0.60\,\mathrm{kg/m^3}$ 以下とすることができる | $0.30\,\mathrm{kg/m^3}$ (ただし, 防錆上有効な対策を講じたうえで, やむを得ない場合は, $0.60\,\mathrm{kg/m^3}$ まで許容) |

【参考文献】
1) 建設省土木研究所：コンクリートの耐久性向上技術の開発, pp.19–32, 1989.5
2) 日本コンクリート工学協会：コンクリート技術の要点'01, pp.73–76, 2001.9

## Tea Time
# 1 マクロセル腐食

コンクリート中の鋼材腐食には，ミクロセル腐食とマクロセル腐食があります．特に問題となっている断面修復部と既設コンクリートとの界面付近に生じるマクロセル腐食は，コンクリート中における塩化物イオン含有量の濃淡，中性化の進行度の差異，など物質の不均一性が原因と考えられています．そして，マクロセルを形成した場合，条件によっては腐食速度が増進することとなります．

そのメカニズムを図1に示しました．ここでは，分極曲線を用いてマクロセルが形成されると腐食速度が増進する理由を示します．図には，アノード分極曲線 (図 (a)〜(c) の右上がりの線) およびカソード分極曲線 (図 (a)〜(c) の右下がりの線) を示します．分極曲線は，物質 (鋼材) に電気を流すのに必要な電圧を表すもので，物質の種類やその周囲の環境に左右され，例えば，金，銀，銅，鉄などの材質の違い，空気，油，水，pH，塩分濃度などの環境で変化します．腐食反応は電池の形成であり，また鋼材はつながっていますので，腐食を生じている状態とは，アノードとカソードの鉄筋内側の電位が等しく，かつ電流が等しい状態，すなわち，この図のアノード分極曲線とカソード分極曲線の交点が腐食電池を形成している状態ということになります．そして，交点における電流値が大きいほど (図では右側にあるほど) 腐食電流が大きい，すなわち腐食速度が速いということになります．

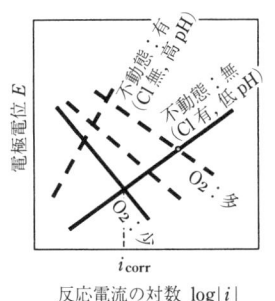

(a) ミクロセルが形成する場合

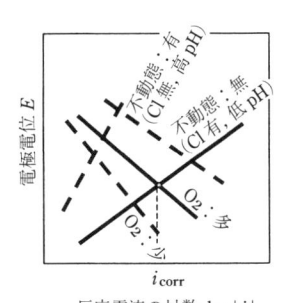

(b) カソード面積が狭いマクロセルが形成する場合

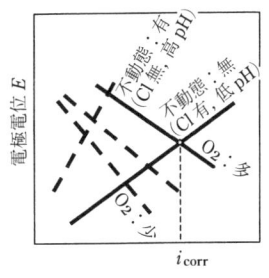

(c) カソード面積が広いマクロセルが形成する場合

図1 分極曲線を用いたマクロセル腐食速度とミクロセル腐食速度の関係[1]

ここで，アノード側となる鋼材がすでに塩化物イオンによって不動態皮膜が破壊されている状態を仮定します．これは図 (a)〜(c) のいずれでも，アノード分極曲線は「不動態：無」の線で表されます．そして鋼材のカソード分極曲線は，周囲の酸素の濃度で図 (a)〜(c) のように影響を受けます．図 (a) はミクロセルを形成する場合で，ミクロセルは数 cm の狭い範囲で腐食電池を形成しますので，供給される酸素の量も制限されることとなります．そして，アノード分極曲線「不動態：無」との交点は図中の比較的左の位置，すなわち腐食電流は小さくなります．これに対して，図 (b), (c) ではマクロセルが形成する場合で，マクロセルではアノードとカソードが離れるので，カソードは比較的広い範囲に存在することとなります．したがって酸素の供給量は制限を受けにくくなるので，カソードとなる鋼材周囲の酸素濃度は多くなり，カソード分極曲線の勾配は図 (a) と比べ緩やかになります．そして，アノード分極曲線「不動態：無」との交点は図中の右方向，すなわち腐食電流は大きくなります．

　このように，マクロセルを形成するような条件，例えば，打継目やひび割れなどの欠陥の存在により，塩化物イオンの供給，二酸化炭素の供給あるいは酸素の供給が局所的に不均一となる場合，同じ一本の鋼材でもアノードになりやすい部分が局所的に存在し，マクロセルを形成して腐食速度が速くなることになります．

【参考文献】
1) 宮里 心一：鉄筋コンクリートの欠陥部に生じる塩害および中性化によるマクロセル腐食に関する研究，東京工業大学学位論文，2001

## Tea Time 2  塩化物イオン

　塩分，塩化物，塩化物イオン……．塩害による劣化メカニズムの本を読んだり，あるいは実際に維持管理のために塩分濃度を算出しようとすると，かなり混乱することがあります．

　そこで，これら言葉の定義と意味について解説します．

　**塩（えん）．**　化学的には，金属または陽性の塩基性基と，陰性の酸基とからなる化合物をいいます[1]．例えば塩化ナトリウム（NaCl）のように結晶性で，水溶液中ではほとんど完全に $Na^+$ と $Cl^-$ に電離して溶解する典型的な塩（えん）や，Cl を含みませんがエフロレッセンス（コンクリートの白華）として観察される物質の一種である硫酸ナトリウム（$Na_2SO_4$）も，化学的には塩（えん）と呼びます．

　もともとは，海からできる塩（しお）の主成分が塩化ナトリウムであったことから，塩（えん）と呼ぶようになったと考えられますが，塩（えん）は必ず塩素（Cl）を含むものではありません．

　**塩分．**　試料中に含まれる塩類（えんるい）の分量をいいます．塩（えん）は，塩素（Cl）を含む物質に限られませんので，例えば，海水の塩分を測定した結果では，塩素（Cl）以外の成分も含んだ量となります．

　一方で，海水のように塩素（Cl）以外の陰性の塩基成分は少ないこと，コンクリートの耐久性に関しては，特に塩素（Cl）が問題となることから，「塩分」という場合には慣用的に「Cl からなる物質」といった意味をもつこととなり，「コンクリート中の塩分量」という場合には，イオン化している $Cl^-$ の量も含んだすべての塩素（Cl）のコンクリート中の量のことを意味します．

　ここで，「塩分の量」を表す方法ですが，Cl を含有する物質は，例えば NaCl をはじめとして KCl，$CaCl_2$，$MgCl_2$，……といった塩類や，フリーデル氏塩，カルシウムクロロアルミネート，……といったセメントに由来する鉱物があり，これらすべての物質の量を表すのは困難であるため，主に以下 2 つの方法で表されます．

　(1) NaCl 量に換算する：含有する塩類をすべて NaCl の量に換算して表します．この方法は，飛来塩分量の測定結果や，海砂に含有する塩分を表

すのに使用されることがあります.
(2) 塩化物イオン量として表す：どのような種類の塩類であれ，コンクリートの耐久性で問題となる Cl が重要ですので，塩化物イオン量 ($Cl^-$) として表します．実際にコンクリート中でイオンとして存在しているかどうかにかかわらず，最近はこの表示が使われることが多くあります．

塩分の量は，コンクリート $1 m^3$ 当たりに含有する塩化物イオン量として $kg/m^3$ や重量%で表示したり，あるいは飛来塩分量のように単位面積，単位時間当たりに付着する塩分量を NaCl に換算して $mg/dm^2/$日のように示されます．

いずれにしても，Cl の量を NaCl の量として表しているのか，あるいは塩化物イオン ($Cl^-$) の量として表しているのか，また容積当たりの含有重量かパーセンテージ表示なのかを見極める必要があります．

**塩化物.** 塩素 (Cl) とそれより陽性な元素または基との化合物をいいます[1]．すなわち，先に説明した塩 (えん) とは異なり，必ず塩素 (Cl) を含有しているものであり，塩化ナトリウム (NaCl) をはじめ，様々な塩化物があります．セメント水和物と塩素 (Cl) が化合したフリーデル氏塩や，塩化ビニル，ダイオキシンなども塩化物です．

**塩化物イオン.** $Cl^-$ を指します．いつごろからこの用語が使用されたかは明らかではありませんが，分析化学の分野などでも使われています．$Cl^-$ は塩素 (Cl) のイオン化したものであるので「塩素イオン」ですが，$Cl^+$ の存在が確認されてから，これと区別するために $Cl^-$ のことを「塩化物イオン」と表すようになり[2]，分析化学で用いる標準試料にもこの用語が使用されています．

コンクリートの分野では，1986 年改訂 JIS A 5308「レディーミクストコンクリート」の塩分総量規制の表現として「塩素イオン」が使われていましたが，用語統一の観点から，1996 年の改訂では「塩化物イオン」となりました．この場合，コンクリート荷卸し時の液相の濃度，すなわち溶解している $Cl^-$ を示しているので，「塩化物イオン」は正しい表現であるといえます．

一方で，硬化したコンクリート中のすべての塩素 (Cl) を，「塩化物イオン」あるいは「全塩化物イオン」と表すことがあります．塩化物イオンは，必ずマイナスにイオン化しているものであり，例えば，硬化コンクリート中に固

定化されている塩素 (Cl) である非イオン性のフリーデル氏塩は含まれないこととなります．したがって，正確にはイオン化している $Cl^-$ も含め，硬化コンクリート中に含まれるすべての塩素 (Cl) 量 (濃度) を表現するのに「塩化物イオン量 (濃度)」あるいは「全塩化物イオン量 (濃度)」と表現するのは誤りであるといわざるをえません．

しかしながら，Cl の多様な化合物や存在形態の差違にかかわらず，コンクリート中に含有する Cl を示す場合に「塩素」という表現を使用すると，慣用的には元素である Cl を指すと同時に塩素 (Cl) の気体分子である塩素ガス ($Cl_2$) を指し示すこともありますので，実際には「塩化物イオン」が使われています．

近年では塩害に対する研究が進み，硬化したコンクリートにおける塩分の固定化現象が塩分の浸透速度，鋼材の腐食発生や複合劣化を考えるうえで重要であることが認識され，硬化コンクリートに対する「塩化物イオン」という表現は見直す必要があると考えられます．

**全塩分．** 硬化したコンクリートに含まれる塩素 (Cl) は，コンクリート打設時に骨材，混和剤，セメントなどの材料から，また硬化後にコンクリート表面から海水，雨水あるいは凍結防止剤の散布によってコンクリートにもたらされ，NaCl をはじめ KCl, $CaCl_2$, $MgCl_2$, $3CaO·Al_2O_3·CaCl_2·10 \sim 12H_2O$ (フリーデル氏塩) など多種多様に存在すると考えられ，また，細孔溶液中では解離した塩素イオン ($Cl^-$) や，さらには塩素イオンがセメント水和物に吸着された形として存在していると考えられています．

コンクリート中に含まれるすべての塩素 (Cl) の量が全塩分であり，一般的に全塩分の測定では，骨材中には塩分が存在しないとして，硬化コンクリートを硝酸などの酸によって溶解させ，溶出してきたすべての塩素イオンを定量して求めます．

測定値はコンクリート $1\,m^3$ 中の塩化物イオン量 ($Cl^-$ 量)，あるいは NaCl 量に換算してコンクリート重量当たりのパーセンテージで表され，いずれの表示であるかに注意する必要があります．

**可溶性塩分．** 水あるいは温水により簡単に抽出される塩分のことです．

コンクリート中の細孔溶液中の塩素イオン ($Cl^-$) は，鉄筋の腐食に直接関与すると考えられます．細孔溶液中の塩素イオン ($Cl^-$) と，セメントに固定

化される塩分の比である固定化率が常に一定であれば，これらを合わせた全塩分によって鉄筋の腐食を評価することができますが，固定化率は単位セメント量，セメント中のアルミネート含有量や中性化の影響を受けて変化すると考えられます．したがって，細孔溶液中の塩素イオン ($Cl^-$) を可溶性塩分として求めようとするものです．測定の方法としては，硬化コンクリートを粉砕した後，水あるいは温水で塩分を抽出し，抽出液中の塩素イオン ($Cl^-$) を測定します．

可溶性塩分の測定は，全塩分の測定と比べて，現場でも測定できるなどの利点もあります．しかしながら，可溶性塩分の測定値は，必ずしもコンクリート細孔溶液中の塩素イオン ($Cl^-$) 量を的確に示しているとはいえず，また，可溶性塩分を指標として鉄筋の腐食を評価したデータが少ないために，実際には，鉄筋の腐食が開始する閾値とした腐食発生限界塩化物イオン濃度は，全塩分を指標として判断します．したがって，現在では可溶性塩分を指標として鉄筋の腐食を判断することは少なくなっています．

表1 塩に関する化学用語と化学式

| 塩 *1 | | 塩化物 | 塩素イオン | 塩化物イオン | 塩素 |
|---|---|---|---|---|---|
| 塩基性基 | 酸性基 | | | | |
| Na<br>K<br>Li<br>Ca<br>Mg<br>Ba<br>. | Cl<br>$SO_4$<br>$CO_3$<br>$NO_3$<br>$NO_2$<br>. | NaCl<br>KCl<br>$CaCl_2$<br>$3CaO \cdot Al_2O_3 \cdot CaCl_2 \cdot 10 \sim 12H_2O$<br>（フリーデル氏塩）<br>$-(H_2C-CHCl)_n-$（ポリ塩化ビニル） | $Cl^-$<br>$Cl^+$ | $Cl^-$ | $Cl^{*2}$ |

注：*1 塩基性基と酸性基との化合物．対基の電荷によって結合比がかわり，結晶水を含有することもある．
　　*2 原子としての塩素．化合物であるか否か，イオン化の有無は問わない．気体分子は $Cl_2$ として存在するため，$Cl_2$ を意味することもある．

【参考文献】
1) 長倉三郎ほか：理化学辞典，岩波書店，1998.2
2) 日本化学会：標準化学用語辞典，丸善，1991.3

## Tea Time 3 拡散

　拡散とは，気体や液体，固体の物質中を物質が運ばれていく機構です．気体や液体中の拡散は無秩序な熱による分子運動(つまりブラウン運動)によって生じます．

　図1には，拡散の様子を模式的に表しました．水の入ったビーカーに落とされたインクの粒子はランダムな方向に運動し，時間の経過とともにビーカー全体へと広がり，やがて均一化します．この現象が拡散です．

　拡散の速度を表す方法として「拡散係数」が用いられます．拡散係数が大きくなれば一定時間での移動距離も大きくなります．そして，拡散係数は，温度，粒子の大きさなど，様々な要因に影響されます．

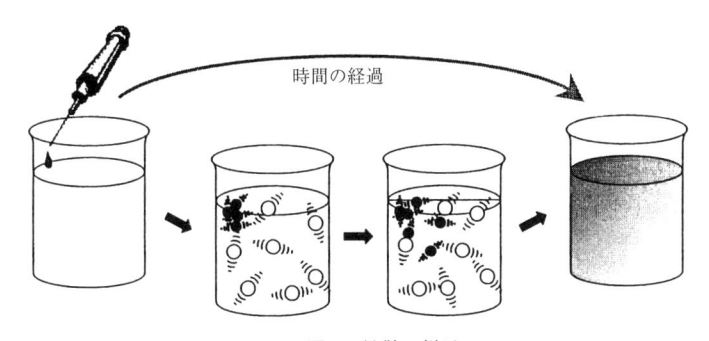

**図1** 拡散の様子

　コンクリート中の塩分の拡散は，飛来塩分などコンクリート表面に供給された塩分が，細孔に存在する液相中を拡散によって移動していくと考えられます．

　したがって，コンクリートへの塩化物の浸透の速さ(拡散係数)は，コンクリートの細孔量，細孔径分布，固定化の割合，含水率などに影響されます．

　$W/C$ の小さいコンクリート，適切な養生を行ったコンクリート，シリカフュームなどの混和材を添加したコンクリートでは，その組織が緻密となって細孔量が減るためにコンクリート中への塩化物の浸透は遅くなり，また，乾いた条件下にある含水率の小さいコンクリートでも塩化物の浸透は遅くなります．

*Tea Time*

## 4 海外における塩分規制

表1に欧米におけるコンクリートの塩化物に関する代表的な規制値を，また表2にPCグラウトの塩化物に関する規制値を挙げました．世界的にも，鋼材の腐食によるコンクリートの耐久性低下を防ぐために，コンクリート中の塩化物に規制が設けられています．規制値は○○ kg/m³ という値で表される塩化物総量での規定ではなく，コンクリート中のセメント質量に対する比率 (%) で規定されるのが主流となっており，また，水溶性の塩化物 ($Cl^-$) を指標としているケースもあります．

規格は国家だけで定めているのではなく，例えば，米国では州ごとに，あるいは土木学会などの団体規格として定められていることもあります．以下に，主な国での塩化物の規制について解説します．

### 欧州の規格

ここで紹介するのは，欧州標準化委員会 (CEN) のコンクリートに関する専門委員会 (TC104) で作業が進められ，2000年に制定されたEN206の内容です[1]．欧州では，イギリスのBS規格，ドイツのDIN規格，フランスのNF規格など欧州各国にそれぞれ国家規格がありますが，現在統合作業が進められており，数年後には欧州規格ENとして統合されます．

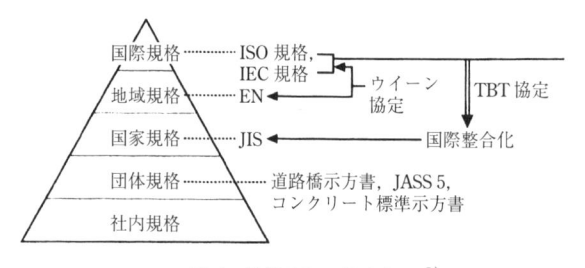

**図1** 規格のヒエラルキー[2]

EN206は「コンクリートの仕様，性能，製造および適合性」に関する規格です．国際的な規格のヒエラルキー (階層) を図1に示しますが，EN規格は国際的な規格である "ISO規格" ではなく，あくまで欧州内での地域に限定された規格であることがわかります．しかしながら，ウィーン協定と呼ばれるISOとCENとの協定によって，EN規格は国際規格ISO制定の原案となっており，また，WTO (世界貿易機関) に加盟する日本を含めた世界144ヶ国

表 1　各国のコンクリートの最大塩化物含有量

| | 欧州 | | | | 米国 | | | | | オセアニア | | |
|---|---|---|---|---|---|---|---|---|---|---|---|---|
| | EN206 (2000年) | | BS8110-1997[*1] | | ASTM | ACI 222R-01[*2] (2001年) | | | ACI 318-99 (1999年) | AS3600-1994 | NZS3109:1997 | |
| | コンクリートクラス | 上限値 | コンクリート | 上限値 | 上限値 | 上限値 | | | 上限値(水溶性 材齢 28～42日) | 上限値(酸可溶性) | コンクリート | 上限値 |
| | | | | | | 酸可溶性 (ASTM C1152の方法) | 水溶性 (ASTM C1218の方法) | 水溶性[*3] (ACI 222 R01記載のソクスレー抽出器による方法) | | コンクリート | | |
| コンクリート | | | | | | | | | | | | |
| 鉄筋・金属を含まない | Cl 1.0 | 1.0 % | BS規定の耐硫酸塩セメント使用 | 0.2 % | 規定なし | 乾燥環境下のRC 0.20 % | 0.15 % | 0.15 % | RC 0.15 % | | 乾燥環境下のRC | 1.6 kg/m³ |
| | Cl 0.20 | 0.20 % | | | | | | | 乾燥環境下のRC 1.00 % | | | |
| 鉄筋・金属を含む | Cl 0.40 | 0.40 % | 高炉, ポルトランドセメント使用 | 0.4 % | 湿潤環境下のRC 0.10 % | 0.08 % | 0.08 % | その他のRC 0.30 % | RC, PC, 蒸気養生 | 0.8 kg/m³ | 湿潤環境下あるいは塩害環境下のRC | 0.8 kg/m³ |
| PC | Cl 0.10 | 0.10 % | PC, 蒸気養生 | 0.1 % | PC 0.08 % | 0.06 % | 0.06 % | PC 0.06 % | | PC | 0.5 kg/m³ | |
| | Cl 0.20 | 0.20 % | その他 | 上限なし | | | | | | | | |

％はいずれもセメント質量に対する塩化物質量の比率, kg/m³はいずれもコンクリート容積に対する塩化物の質量である。

[*1]: いずれEN に統合。記載内容は BS 5328 Clause 5.2.2 を引用。

[*2]: 推奨であり, ACI の規定は ASTM の規定を含む場合。

[*3]: 骨材に塩化物が含まれ, ASTM の方法で上限値を超える場合。

表 2 PC グラウトの最大塩化物含有量

| 土木学会<br>(2002) | 英　　国<br>BS EN 447 (1997) | 米　　国<br>ACI 222-01 (2001) | 米　　国<br>PTI (1997) |
|---|---|---|---|
| $0.3\,\mathrm{kg/m^3}$ | 0.1 % | 0.06 % | 0.08 % |

注：%はセメント質量に対する値.

$W/C = 0.45$ のセメントペーストは，セメント重量 × 0.1 %でおおよそ $1.30\,\mathrm{kg/m^3}$，0.06 %でおおよそ $0.78\,\mathrm{kg/m^3}$ に相当する.

(2002 年 1 月現在) は，JIS などの各国の国家規格は ISO などの国際規格に従わなければなりません．したがって，EN 規格は日本にとっても重要な規格といえます．

表 1 に示した EN 規格では，コンクリートに含まれる鉄筋などの金属の有無によって「コンクリートクラス」が設定されており，コンクリートの用途や使用する場所などに応じて，このコンクリートクラスを選択することとなります．そして，EN 規格での塩化物含有量は，コンクリート中のセメント質量に対する比率 (%) で規定されており，JIS 規格等の日本の塩化物規制がコンクリート容積当たりの塩化物量 ($\mathrm{kg/m^3}$) で規定されているのとは異なります．**Q04** で解説しましたが，コンクリート中での鉄筋などの鋼材の腐食が，コンクリートの細孔溶液中に溶けている塩化物イオンによって不動態皮膜の破壊を促進すること，コンクリート中の塩化物イオンはフリーデル氏塩などのセメント水和物に固定されることを考え合わせると，コンクリート中の塩化物含有量がセメント質量に対する比率で規定されていることは合理的であるといえます．

塩化物含有量の規制値は，仮に単位セメント量が $300\,\mathrm{kg/m^3}$ とすると，鉄筋コンクリートでは $0.6\,\mathrm{kg/m^3}$ または $1.2\,\mathrm{kg/m^3}$，プレストレストコンクリートでは $0.3\,\mathrm{kg/m^3}$ または $0.6\,\mathrm{kg/m^3}$ となります．また，強度の高いプレストレストコンクリートなどでは，単位セメント量が $300\,\mathrm{kg/m^3}$ を超えることが多く，日本の $0.3\,\mathrm{kg/m^3}$ または $0.6\,\mathrm{kg/m^3}$ と比較して規制値は緩くなるといえます．

また，EN 規格では，日本と同様に，セメントなどコンクリートに使用する個別の材料に塩化物の規制値が設けられています[3]．これらの規制値は，日本の規制値よりも緩いものが多くあります．しかし，鉄筋，PC 鋼材または他の埋設金属を含むコンクリートでは，塩化カルシウムおよび塩化物ベース

の混和材の使用は認められていません．

**米国の規格**

米国の国家規格である ANSI や，団体規格である ASTM (試験および材料に関する協会) ではコンクリート中の塩化物に規制はありませんが，ACI (米国コンクリート工学協会) では，塩化物の規制値 (ACI-318-99) があり，また塩化物量の推奨値 (ACI-222R-01) が挙げられています．ACI でも，これら塩化物量をセメント質量に対する比率 (%) で示しています．コンクリートは主に乾燥条件下の RC，湿潤条件下 RC および PC に分類されています．乾燥条件下に置かれるコンクリートの塩化物規制値は湿潤環境の規制値よりも緩く，これは鋼材の腐食反応に必要な水の量が少なくなるとともに，外来塩化物に対しても塩化物イオンの浸透が遅くなることによります．また，塩化物は，酸によって可溶化する全塩化物イオン量だけではなく，水溶性の塩化物量についても示されており，これは固定化して水に溶けていない塩化物は鋼材の腐食に関与しないとする考えに基づいています．さらに，米国には一部塩化物を含むコンクリート骨材があり，通常のコンクリート中塩化物の定量試験方法では骨材に固定されている塩化物をも検知してしまうため，コンクリートを微粉砕せずにソクスレー抽出器と呼ばれる装置を使用して塩化物を測定する方法も示されています．

【参考文献】
1) European Committee for Standardization, EN206-2000, Concrete-Part 1 : Specification, performance, production and conformity, 2000
2) 辻 幸和：基準化の必要性とプロセス，コンクリート工学，Vol.38, No.9, 2000.9
3) European Committee for Standardization, EN197-2000, the specification for common cements, 2000

## 09 中性化がコンクリート構造物を劣化させる理由は何か教えて下さい．

> コンクリートの中性化が進行してpHが11よりも低くなると，鋼材表面の不動態皮膜が破壊されて鋼材の腐食が始まります．その後，鋼材に発生した錆の膨張圧によって，コンクリートのひび割れや剥離をひき起こします．

コンクリートはセメント水和生成物である水酸化カルシウムの存在によってpH 12～13の強アルカリ性を呈しています．そのため，コンクリート内の鋼材は，表面に不動態皮膜を形成し，腐食から保護された状態となっています．一方，大気中には二酸化炭素(炭酸ガス)が存在し，それがコンクリート中に拡散し浸透していきます．コンクリート中の水酸化カルシウムは，図1に示すように炭酸ガスによる中和反応によって炭酸カルシウムを生成し，コンクリート表面から徐々にアルカリ性を失っていきます．この現象を中性化と呼んでいます．鋼材周囲のコンクリートまで中性化が進行すると，鋼材表面の不動態皮膜が破壊され，鋼材は活性状態になって腐食が始まります．

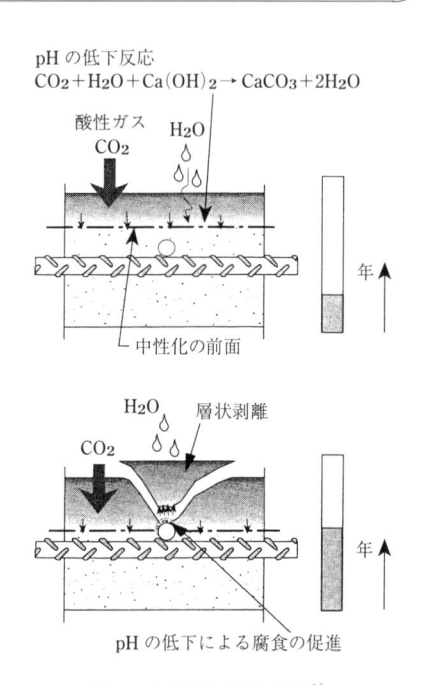

pHの低下反応
$CO_2 + H_2O + Ca(OH)_2 \rightarrow CaCO_3 + 2H_2O$

**図1 中性化による劣化** [1]

このような劣化過程においては，コンクリート中の水，酸素および炭酸ガスが腐食開始時期やその進行の程度に大きく関与します．

中性化はコンクリート中の炭酸ガスの浸透に伴う問題ですから，コンクリートが緻密であるほど，またコンクリート表面から鋼材までの距離(かぶり)が大きいほど，中性化の影響は小さくなります．中性化は，極めて長期にわたっ

て進行する現象ですので，供用初期段階には問題になりませんが，そのほかの原因 (荷重や温度などの物理的な作用あるいは塩害やアルカリ骨材反応などの化学的な反応) によってコンクリートにひび割れが存在する場合には，急激に進行することがあります．

中性化の進行予測には，土木学会では，(1) $\sqrt{t}$ 則あるいは (2) 促進試験の利用，のいずれかの方法を用いるものとしています[2),3)]．

### (1) $\sqrt{t}$ 則

中性化深さは，図2に示すように中性化期間の平方根に比例することが多くの研究により確かめられています．予測には，対象となる構造物と同じ，あるいは類似した材料・配合・環境条件などを対象とした式を用いることが望ましいのですが，それがない場合には以下の式を用いてよいとされています．

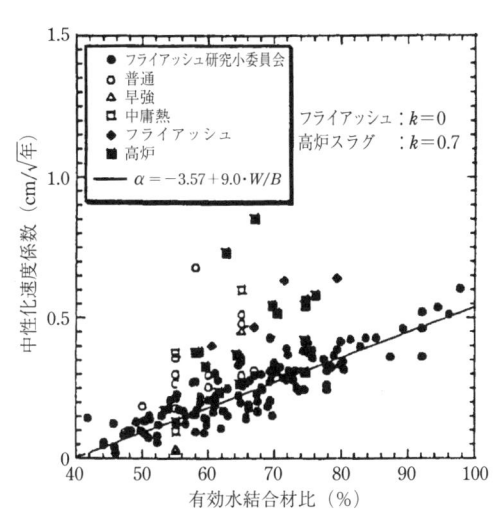

**図2** 有効結合材比と中性化速度係数の関係[2)]

$$y = R\left(-3.57 + 9.0\frac{W}{B}\right)\sqrt{t} \tag{1}$$

$$\frac{W}{B} = \frac{W}{C_p + k A_d} \tag{2}$$

ここに，$W/B$：有効水結合材比
　　　　$W$：単位体積当たりの水の質量
　　　　$B$：単位体積当たりの有効結合材の質量
　　　　$C_p$：単位体積当たりのポルトランドセメントの質量
　　　　$A_d$：単位体積当たりの混和材の質量
　　　　$R$：環境の影響を表す係数

乾燥しやすい環境：$R = 1.6$
乾燥しにくい環境：$R = 1.0$
$k$：環境の影響を表す係数
フライアッシュの場合：$k = 0$
高炉スラグ微粉末の場合：$k = 0.7$

### (2) 促進試験の利用

　促進中性化試験は，短時間で相対的な中性化速度を評価するには便利な方法ですが，試験方法が統一されていないことや，促進倍率が材料・配合・促進開始までの初期養生・供試体形状などに依存することから，試験結果を用いて実際の構造物を評価することは難しいとされています．したがって，促進試験によって中性化速度を推定する場合には，対象とするコンクリートのほかに，自然暴露試験や実構造物において中性化深さが明らかになっているものと同じ配合のコンクリート供試体を基準供試体として同時に試験し，対象とするコンクリートが基準コンクリートの中性化速度を上回らないことを確認することが原則となっています．

　一方，供用中のコンクリート構造物に対しては，コンクリートのはつり面やコア供試体の割裂面にフェノールフタレインエタノール1％溶液を噴霧した場合の呈色反応から中性化深さを測定できます．

　また，塩化物イオンはセメント質量の約0.4％に相当する量がフリーデル氏塩として固定化されているといわれていますが，中性化によりこれが分解し，解離した塩素イオンは濃度拡散により内部に移動し，そこで再びフリーデル氏塩として固定されるために塩素の濃縮を生じます．

　そのメカニズムを図3に示しますが，塩化物イオンは未炭酸化部に移動・濃縮し，鉄筋の腐食に影響を及ぼすことになります．また，この濃縮現象は海砂の使用など内在塩分だけでなく飛来塩分などの外来塩分によっても生じることから，中性化しているコンクリートの塩化物イオンの測定値は，中性化領域で塩化物イオン濃度が低くなることがあります．

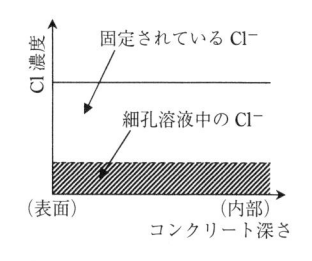

Q09　中性化がコンクリート構造物を劣化させる理由　/　45

1. 塩分を含有する海砂の使用などによって Cl がコンクリート中に均一に分布している中性化を受ける前の状態です.
   コンクリート中の Cl は，主にフリーデル氏塩等として固定されている Cl と，細孔溶液中に溶解している $Cl^-$ とに分配して存在しています.

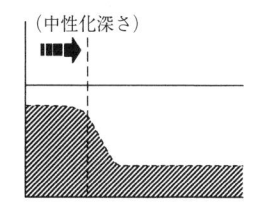

2. 中性化が進行すると，中性化領域では固定されていた Cl が分解され，中性化領域における細孔溶液中の $Cl^-$ の濃度が高くなります.

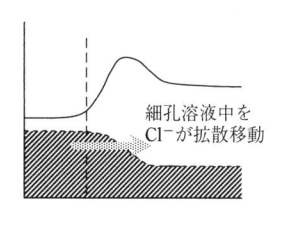

3. 中性化領域での細孔溶液中の $Cl^-$ 濃度が高くなったため，$Cl^-$ は濃度勾配によって細孔中を拡散移動し，徐々にコンクリート内部の細孔溶液中の $Cl^-$ 濃度が上昇します.
   非中性化領域で細孔溶液中の $Cl^-$ 濃度が上昇すると，フリーデル氏塩の量も増加します.

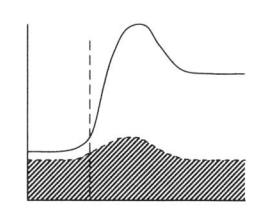

4. 細孔溶液中の $Cl^-$ は濃度勾配によって，さらにコンクリート内部へと移動します.
   結果的に固定化された Cl と細孔溶液中の $Cl^-$ との合計である全塩化物イオン濃度は，中性化を受けたコンクリート表面付近で低く，中性化位置の内側で高くなります.

図 3　塩化物イオンの濃縮現象の概念図 (外部からの塩化物イオンの浸入がない場合)

【参考文献】
1) ピーター・H・エモンズ：イラストで見るコンクリート構造物の維持と補修, 鹿島出版会, 1995
2) 土木学会：平成 11 年度版コンクリート標準示方書—耐久性照査型—[施工編], コンクリートライブラリー 99, 2000.1
3) 土木学会：コンクリート標準示方書 (2001 年制定) [維持管理編], 2001

## 10 アルカリ骨材反応によるコンクリートの劣化とはどのような現象ですか．

> アルカリ骨材反応とは，コンクリート中に含まれる可溶性のアルカリ成分と骨材中のある成分による反応生成物が吸水によって膨張し，その結果，コンクリートにひび割れ等が生じる劣化現象です．

図1に示すように，コンクリート中に含まれる可溶性のアルカリ成分($Na_2O$, $K_2O$)と骨材中のある種の反応成分が反応し，コンクリートに有害な膨張を生じることがあります．一般にこの現象をアルカリ骨材反応と呼んでいます．アルカリ骨材反応には，アルカリシリカ反応，アルカリ炭酸塩反応およびアルカリシリケート反応の3タイプがありますが，アルカリシリカ反応およびアルカリ炭酸塩反応の2タイプと分類される場合もあります[1]．わが国ではアルカリシリカ反応がほとんどです．アルカリシリカ反応で反応する物質としては，堆積岩中の微小石英，火山岩中の火山ガラスやトリジマイト，変成岩中の結晶格子にひずみを有する石英などがあります．

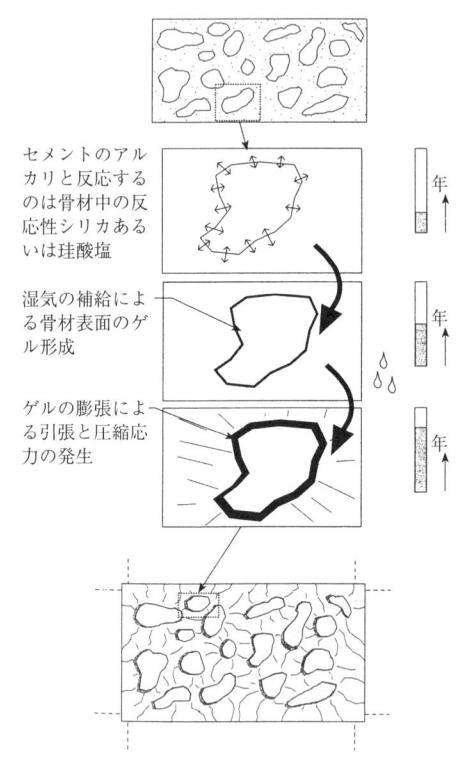

図1 骨材のアルカリ骨材反応による劣化[2]

アルカリ骨材反応が進行すると，コンクリート構造物にひび割れ，ゲルのしみ出し，部材のずれなどを生じます．ひび割れは，無筋コンクリート構造物やかぶりが大きいところでは亀甲状(網目状)に発生し，一方，かぶりが小さく鋼材比が大きな構造物や，水分供給によって鋼材の腐食を誘発した部分

では，主筋軸方向や PC 鋼材に沿って発生します．ひび割れ箇所にはゲルによる変色が見られることが多く，ひどい場合にはゲルの浸出やポップアウトが発生します．

アルカリ骨材反応は反応性を有する骨材が多量に含まれるほど起こりやすいものではなく，最も膨張量が大きくなる最悪の骨材混入量 (ペシマム量) が存在します．アルカリ骨材反応による劣化を防ぐには，反応性の骨材を使用しないことやコンクリート中のアルカリ量を抑えること ($Na_2O$ として $3.0\,kg/m^3$ 以下) か，あるいはスラグやフライアッシュなどの混和材の使用が有効です．

骨材のアルカリ骨材反応の可能性を調べる方法としては，JIS に規定される化学法（JIS A 1145）とモルタルバー法（JIS A 1146）や，JIS A 1804 に規定されるコンクリート生産工程管理用の迅速法があります．モルタルバー法は判定までに長時間 (6 ヶ月) を要するので，JIS A 5308 では原則として化学法で判定し，有害なおそれがあると判断された場合にはモルタルバー法によりさらに詳しく調べられます．一方，供用中のコンクリート構造物に対しては，前述のような劣化の状況を観察したうえで，構造物からボーリングによってコアを採取し，これから薄片を作製して偏光顕微鏡観察により反応性鉱物の有無を調べます．もし，問題となるような量の反応性鉱物が存在することが判明した場合には，今後の反応の進行を予測するとともに，必要ならば対策を講じることになります[3]．

写真 1　アルカリ骨材反応の事例

アルカリ骨材反応によってひび割れが生じると，塩化物イオンや酸素，水などの腐食因子の供給が増加し，塩害が促進されたり，凍結防止剤の塩化ナトリウムの浸入によりアルカリ金属イオンの濃度が上昇してアルカリ骨材反応が促進されるなど相乗的複合劣化が生じる可能性が大きくなります．また，コンクリート中でアルカリ骨材反応が進行すると，細孔溶液中の $OH^-$ イオンが消費され，コンクリートのアルカリ性が低下するので，塩化物イオンが存在するときにはアルカリ骨材反応よりコンクリート内部の鋼材の腐食が促進される可能性があります．

従来，アルカリ骨材反応による劣化が構造物の耐荷力に影響を与えることは考えられませんでした．しかし，最近になって写真1に示すようにアルカリ骨材反応により鉄筋が破断する事例も報告されており，構造物の耐荷力を損なう恐れがあることがわかってきました．

【参考文献】
1) 岸谷 孝一，西澤 紀昭：コンクリート構造物の耐久性シリーズ「アルカリ骨材反応」，技報堂出版，1986
2) ピーター・H・エモンズ：イラストで見るコンクリート構造物の維持と補修，鹿島出版会，1995
3) 岡田 清：コンクリートの耐久性，朝倉書店，1986

## 11 寒冷地特有のコンクリート構造物の劣化について教えて下さい．

寒冷地では，凍結融解作用によるコンクリートの劣化が代表的ですが，飛来塩分や凍結防止剤による塩害が複合的に生じる場合があります．

寒冷地では，図1に示すようにコンクリート中の空隙に存在する自由水の凍結による体積膨張(凍結による水の体積膨張率：約9％)によって，コンクリートの劣化を生じることがあります．自由水の凍結と外気温の上昇に伴う融解の繰返し作用は，コンクリートにとって極めて有害です．この現象を一般に凍結融解作用と呼び，コンクリートの代表的な劣化要因の一つです．

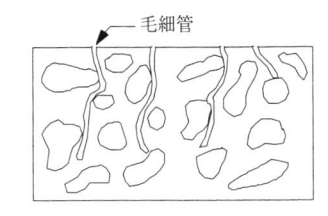

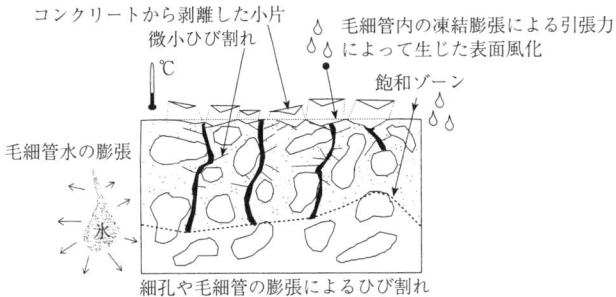

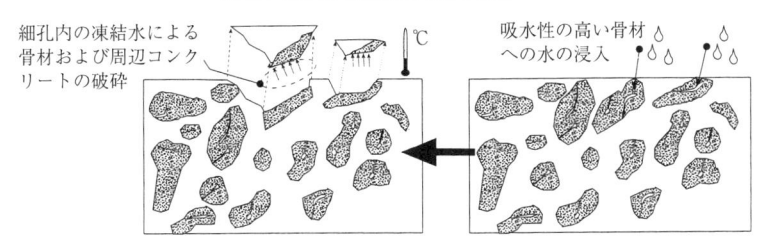

図1 凍結融解作用による劣化[1)]

凍結融解作用による劣化は，コンクリート表面が徐々に剥離するスケーリング型とひび割れが拡大するひび割れ型があります．前者は，コンクリート表面の肌荒れ状態に始まり，粗骨材の露出，微細なひび割れの発生，鋼材の腐食，コンクリートの剥落に進行していきます．

一方，後者は，スケーリングを生じる前に，亀甲状・紋様状のひび割れ，エフロレッセンスの発生に始まり，膨張圧と水の進入の繰返し作用によるひび割れの拡大，最後にはコンクリートの剥落に至る場合があります．

凍結膨張圧を緩和するには，良質な AE 剤を使用し，コンクリート中に微細なエントレインドエアを混入することが有効です．図 2 に示すように，AE 剤を使用することにより，水セメント比が大きなコンクリートであっても，耐久性指数 (凍結融解作用への抵抗性を示す指標) を著しく向上できるのです．凍結融解抵抗性は，一般に土木学会の促進試験 (JSCE-G501-1986) によって評価されています．

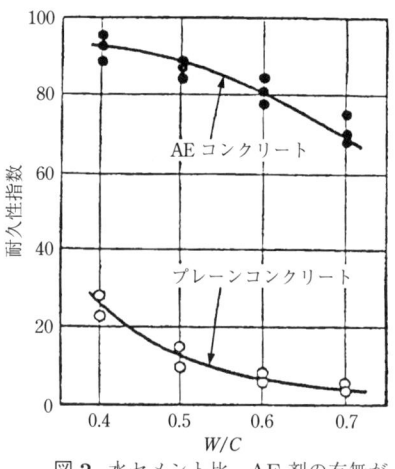

図 2 水セメント比，AE 剤の有無が凍結融解抵抗性に及ぼす影響 [2]

凍結融解作用による劣化と塩害との複合的な劣化については，凍結融解作用によって生じたひび割れに塩分が浸透して塩害を促進させる場合と，塩分が供給されて凍結融解作用によるスケーリングを主体とした劣化が促進される場合の 2 種類があります．このように寒冷地の海岸付近や凍結防止剤が使用される構造物では耐久性を大きく損なうことがあります．

以下には，塩分によって凍結融解が促進されるメカニズムを，凍結融解の劣化機構から解説します．凍結融解による劣化は，基本的に水の凍結による体積膨張によりますが，生成した氷が直接コンクリートを破壊させるものではありません．そのメカニズムとしては，1945 年頃に提唱された Powers[3] の水圧説や，その後，AE 剤の耐凍結融解性の効果や凍結時に生じる収縮などの複雑な凍結融解による現象を説明した説があり，図 3 にはその中の一つである Powers と Helmuth の浸透圧説[4] による劣化メカニズムの概略を示します．

細孔溶液中の一部で氷が形成さ

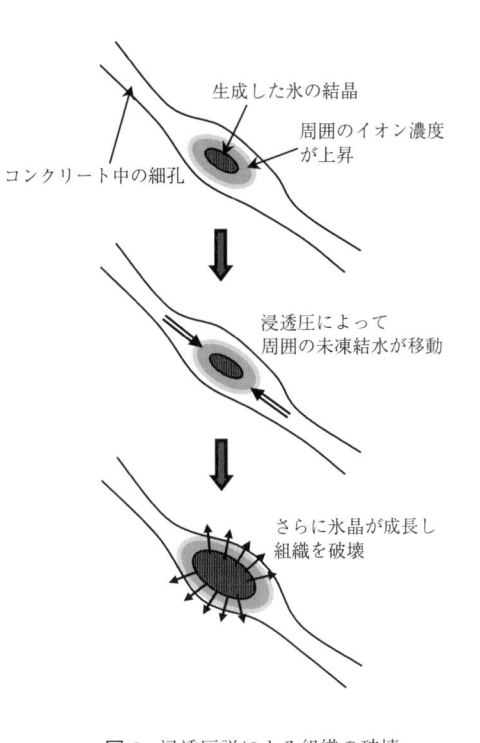

図 3 浸透圧説による組織の破壊

れると，その空隙に存在する未凍結水のイオン濃度が上昇し，周囲の空隙水との浸透圧が生じて未凍結水が流入してきます．すると氷はさらに成長して，氷が直接あるいは水圧によって周囲の組織を破壊します．

塩害との複合作用をこの浸透圧説を用いて図 4 で説明します．図の (1) で示すように，仮に細孔溶液に存在する水が純水であれば，氷が生成しても A と B でイオン濃度差が生じず (もともとイオン濃度はゼロ)，浸透圧は生じません．しかしながら，凍結防止剤の散布などによって細孔溶液のイオン濃度が高い場合には浸透圧も大きくなり，未凍結水が氷晶のある細孔により多く流入して水圧が高まると同時に，さらに氷晶が成長するので損傷を受けやすくなると考えられます．

なお，フレッシュ時あるいは硬化初期にコンクリートが凍結した場合においても，コンクリートの強度，水密性，耐久性等の性能が著しく低下します．したがって，寒冷地における冬期施工等では，保温養生などの対策が必要と

(1) 細孔溶液にイオンを含まない場合
(A, B のイオン濃度 0)

水で満たされた容積 A と B の間に半透膜を仮定

容積 A で氷晶が生成しても A, B のイオン濃度差による浸透圧が生じないので水は移動しません．

(2) 細孔溶液のイオン濃度が低い場合
(A, B のイオン濃度として 1(mol/$l$) を仮定)

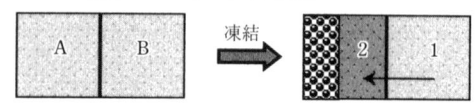

容積 A の半分が氷るとすると A の未凍結水の濃度は 2 (B は 1 のまま) となり，$(2-1) \cdot RT$ に相当する浸透圧が生じます ($R$：気体定数，$T$：温度)．浸透圧に応じて B から A に未凍結水が流入しようとします．

(3) 細孔溶液のイオン濃度が高い場合
(A, B のイオン濃度として 10(mol/$l$) を仮定)

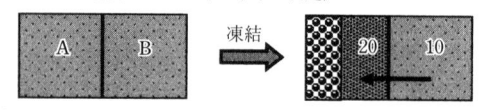

(2)同様に容積 A の半分が氷るとすると A の未凍結水の濃度は 20 (B は 10 のまま) となり，$(20-10) \cdot RT$ の浸透圧，すなわち(2)の 10 倍の浸透圧が生じ，多くの水が流入します．

図 4 浸透圧に及ぼすイオン濃度の影響

なります．

【参考文献】
1) ピーター・H・エモンズ：イラストで見るコンクリート構造物の維持と補修，鹿島出版会，1995
2) 永倉 正：コンクリートの配合諸条件が凍結抵抗性に及ぼす影響に関する基礎的研究，土木学会論文集，No.98，pp.15-25，1963
3) Powers, T. C.：A working hypothesis for further studies of frost resistance of concrete, Proc. of ACI, Vol.41, pp.245–272, 1945
4) Powers, T. C. and Helmuth, R. A.：Theory of volume changes in hardened Portland cement pastes during freezing, Proc. of Highway Research Board, **32**, pp.285–297, 1953

# 12 疲労に及ぼす環境条件の影響はありますか．

> コンクリート，鋼材とも湿潤環境下では疲労強度が低下します．

　図1は，水中および気中におけるコンクリートの圧縮疲労試験の結果を示したものです[1]．疲労試験に先立った水中静的圧縮試験結果をもとにして，繰返し下限応力 (図中の $S_2$) をその 10％, 30％, 50％の3水準に対して，上限応力 (図中の縦軸) をパラメーターに疲労試験を行い $S$–$N$ 曲線を求めたものです．また，図中の破線は同様にして気中において得られた下限応力比 $S_2 = 8$％および 30％の $S$–$N$ 曲線です．図からわかるように，気中と水中の $S$–$N$ 曲線にはかなりの違いが見られ，水中での疲労強度が気中でのそれよりかなり小さくなっています．

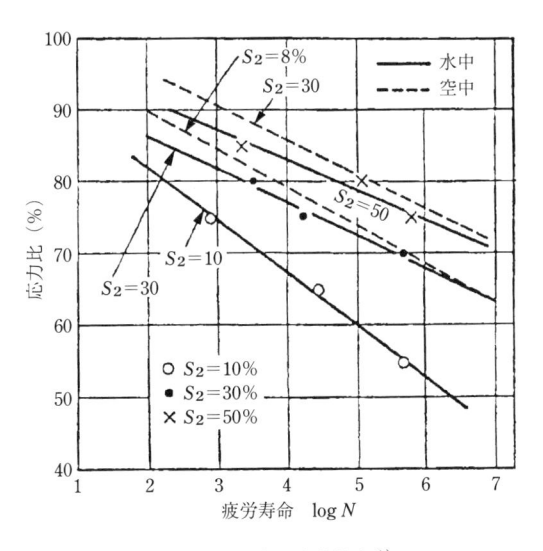

**図1　水中疲労強度[1]**

　防波堤のような常に湿潤状態にあるコンクリートが繰返し荷重を受けると，疲労強度の低下は極めて重要な問題となります．また，橋梁の床版は直接輪荷重が作用し，常に雨水を受けて湿潤環境にあるため疲労強度が問題となり

ます．加えて，飛来塩分や凍結防止剤散布などによる塩害による複合劣化も多く見られ，深刻な問題となっています．

一方，鋼材に関してもその腐食が疲労強度に大きな影響を及ぼします．図2は炭素鋼の気中，水中，3%のNaCl溶液中でのS–N曲線を示したものですが，NaCl溶液中での1000万回疲労強度は気中での疲労強度の1/3に低下しています．

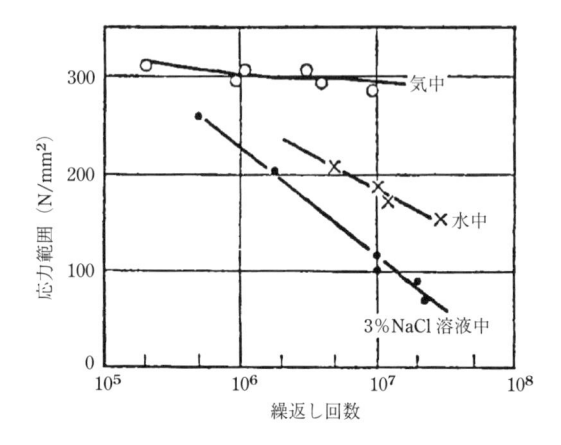

図2 0.35%炭素鋼の気中，水中，NaCl溶液中でのS–N曲線[2]

このように，コンクリート，鋼材ともに環境条件の影響を受け疲労強度が低下するため，鉄筋コンクリート部材の疲労性状に及ぼす環境条件の影響は大きいものと推定されます．

【参考文献】
1) 松下 博通：水中におけるコンクリートの圧縮疲労強度に関する研究，土木学会論文報告集，No.296，1980
2) Roper, R. D. and Baker, A. F. : The Performance of structural concrete in a Marine Environment, Chapter 4 of Development in Concrete Technology-1, edited by F. D. Lydon, Applied Science Publisher, 1979

## 13 海水中の構造物では塩化物イオン以外にも劣化要因はありますか．

> 海洋コンクリート構造物の劣化要因としては，塩化物イオンによる塩害が最も問題ですが，水密性の低いコンクリートでは海水中の硫酸塩やマグネシウム塩などによって化学的侵食を受ける可能性があります．

　海水には多量の塩類を含み，その濃度はおおよそ33〜38％で，含有塩類相互間の比率はどの海水でもほぼ一定です．海水が含有する塩類の中でも，塩化物イオンは塩害をひき起こす要因となり，また，$Na^+$ や $K^+$ はアルカリ骨材反応をひき起こす可能性があります．

　一方で，海水中の塩類として，マグネシウムイオン ($Mg^{2+}$) や硫酸イオン ($SO_4^{2-}$) は，それぞれおおよそ $1.4 g/l$ および $2.7 g/l$ 含有します．セメント硬化体はカルシウムを主体とした化合物なので，セメント硬化体に接する溶液中にマグネシウムイオンが $0.5 g/l$ 以上の濃度で存在すると，カルシウムとマグネシウムの置換反応 (陽イオン交換反応) が起こるとされ[1]，コンクリートの表面からカルシウムが溶脱して劣化を生じます．また，硫酸イオンはセメント水和物中のアルミネートと反応して，膨張性のエトリンガイトを生成し，その結晶膨張圧でコンクリートを劣化させます．図1には，海水中のコンクリートの劣化反応の例を示しますが，海水が含有するマグネシウムイオンお

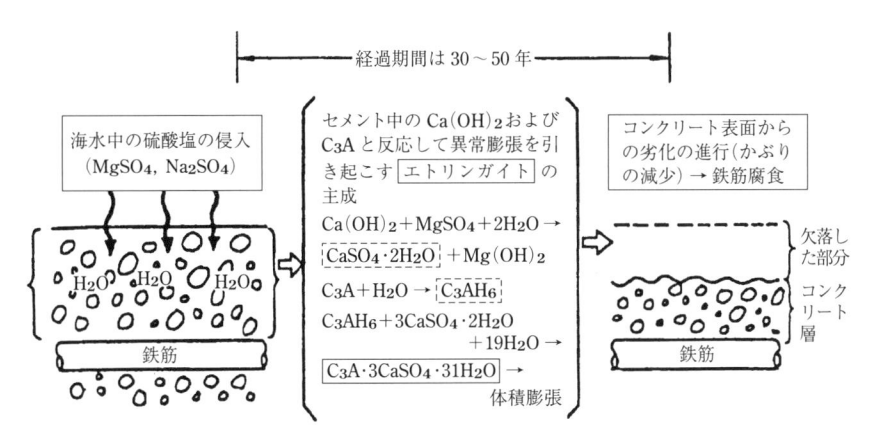

図1　海水中のコンクリートの劣化[2]

よび硫酸イオンが複合的に作用して劣化を生じることがわかります.

また，海水のpHは炭酸ガス ($CO_2$) の溶解平衡によって7.5〜8.4となりますが，囲まれている湾や入江では溶解する炭酸ガス濃度が高くなり，海水のpHが低下してセメント水和物を溶解させる化学侵食作用が大きくなる可能性も指摘されています[1].

海水のコンクリートへの化学作用や鉄筋の腐食作用を考慮して，土木学会では表1で示す最大水セメント比の標準を示し，また，米国コンクリート工学協会の規格ACI 318-95では，表2に示すように硫酸イオン濃度によって4段階に区分し，エトリンガイトを生成させるカルシウムアルミネート ($C_3A$) が少ない耐硫酸塩セメントの使用と，水セメント比の上限値を設けています.

表1 耐久性から定まるコンクリートの最大の水セメント比 (%)[3]

| 環境 | コンクリートの種類 | |
|---|---|---|
| | 無筋コンクリート | 鉄筋コンクリート |
| 淡水中 | 65 | 55 |
| 海 中 | 60 | 50 |

表2 硫酸を含有する溶液中にあるコンクリートの要求事項[4]

| 硫酸露出 | 土壌中の可溶性$SO_4$ (重量%) | 水中の$SO_4$ (ppm) | セメントのタイプ | 最大水セメント比 |
|---|---|---|---|---|
| 考慮なし | 0.00〜0.10 | 0〜150 | — | — |
| 中程度 (海水) | 0.10〜0.20 | 150〜1 500 | 中程度の耐硫酸塩セメント (タイプII等) | 0.5 |
| 厳しい | 0.20〜2.00 | 1 500〜10 000 | V (耐硫酸塩セメント) | 0.45 |
| 非常に厳しい | 2.00 以上 | 10 000 以上 | V + ポゾラン | 0.45 |

文献4) より抜粋

表2では，海水中の硫酸イオン濃度はおおよそ2.7 g/$l$ (2 700 ppm) であるにもかかわらず，海水中のコンクリートは「中程度」に分類されています．これは，海水中の硫酸イオンによってエトリンガイトは生成しますが，その膨張圧は塩化物イオンの存在で抑制されるというメカニズムによるもので，海水中のコンクリートは最大8 %の$C_3A$を含む中程度の耐硫酸塩セメント (表

中のタイプIIセメント)を使用しても,水セメント比を0.5と小さくすることで耐久性は確保できるとしています.

　以上,海水中のコンクリート劣化要因として,海水中に含まれる塩類の化学侵食作用について説明しました.海水中のコンクリートでは,マグネシウムイオンや硫酸イオンなどがコンクリートに浸透し,また溶解した炭酸ガスがコンクリートに劣化を生じる可能性はありますが,一方で,水セメント比の小さい,水密性の高いコンクリートはこれら化学侵食をひき起こす物質のコンクリートへの浸透を抑制し,50年以上経過しても極めて良好な状態に保たれていることが示されており[1],海水中のコンクリートであっても耐久性を確保するためには,緻密で外部からの劣化因子の浸入が少ないコンクリートとすることが重要となります.

【参考文献】
1) Mehta, P. K. and Monteiro, P. J. M.：コンクリート工学—微視構造と材料特性,技報堂出版,1998
2) 小林　一輔：第2鋼材腐食によるコンクリート構造物の劣化機構,土木施工,Vol.25, No.9, 1984
3) 土木学会：コンクリート標準示方書(2001年制定)[維持管理編],2001
4) Building code requirements for structural concrete (ACI 318-95) and Commentary (ACI 318R-95)

## 14 複合劣化について教えて下さい．

> 主な劣化要因が1つである場合が「単独劣化」であるのに対して，複数ある場合を「複合劣化」と呼びます．

加速期や劣化期において，塩害と中性化が同時に生じている，あるいはアルカリ骨材反応と凍結融解が同時に生じている場合などが複合劣化に該当します．このように構造物の劣化が顕在化すると，ほとんどの場合，複数の劣化要因によって生じる複合劣化であると考えられます．さらに，劣化の進行度によっては，主な劣化要因が変化する場合もあります．

### (1) 劣化の進行

図1に複合劣化進行の概念図を示します．複合劣化では，それぞれの劣化要因に対して独立的，すなわち足し算として現れるよりも，因果的(一方の劣化の進行が，もう一方の劣化が生じる原因となるような場合)あるいは相乗的(一方の劣化の進行が，もう一方の劣化の進行を促進するような場合)に生じ，劣化症状が加速的に進行することが多く，短期間で劣化が生じたり，あるいは予測したよりも早く劣化が進行することがあります．独立的な複合劣化は，同時に進行して互いに影響を及ぼさない場合をさしますが，複合劣化では，ほとんどの場合，なんらかの相互作用が生じると考えられます．

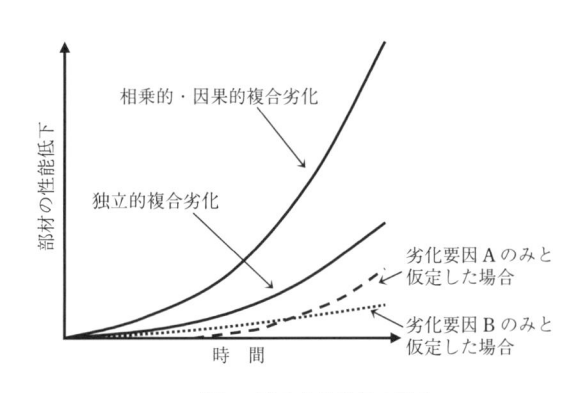

図1 複合劣化進行の概念

また，劣化は単独劣化で見られるような特徴的な変状を呈さないため，劣化要因の特定が難しくなります．

### (2) 複合劣化のメカニズム

複合劣化の生じ方は様々で，これは劣化要因である塩化物イオン，二酸化

炭素，アルカリ反応性骨材，凍結融解作用，硫酸イオンなどの化学侵食性物質，繰返し荷重などが，同時に，あるいは時間差をもって構造物に作用することによります．図2には塩害による劣化の進行過程を示します．この図からわかるように，塩害の劣化の進行は，他の劣化に対して複雑に影響しあっています．このように，複合劣化のメカニズムは，関係する劣化要因の組合せによって異なり，かなり複雑なものとなりますが，大別すると以下のように分類できます．

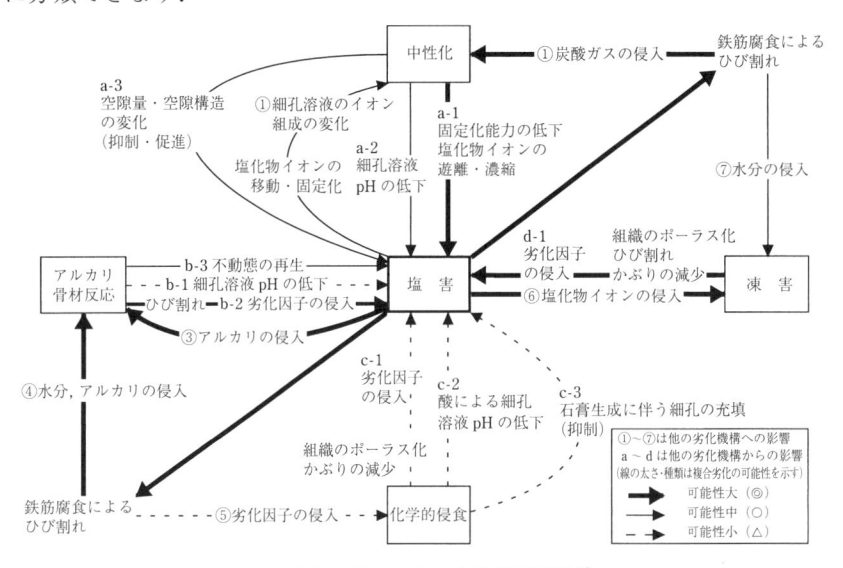

**図2 塩害による劣化進行過程**[1]

① 因果的に作用

　　一方の劣化の進行が，もう一方の劣化が生じる原因となるような場合です．ある劣化要因によって，例えば床版の繰返し荷重によって微細なひび割れが生じ，そこにもう一方の劣化因子，例えば塩化物イオンがひび割れを通して浸入する，といった作用を受けて複合劣化を生じる場合です．因果的な作用では，例えば炭酸化によって組織が緻密化し，劣化因子の浸入が妨げられるというように抑制的に作用する場合もありますが，その程度は軽微であると考えられます．

② 相乗的に作用

　　一方の劣化の進行が，もう一方の劣化の進行を促進するような場合で

す．複数の劣化が互いに相乗的に促進しあう場合もあります．相乗的作用では，一方の劣化の進行に伴って他の劣化を促進させるような物質の浸入，例えば，鉄筋の腐食ひび割れがアルカリ骨材反応を促進させる水の供給量を増加させる場合や，**Q09** で説明した塩害と中性化の複合劣化に見られる塩分の濃縮現象などがあります．

### (3) 維持管理の対策

複合劣化では，劣化要因が単独ではないため，複合化の組み合わせや形態も様々です．複合劣化では一般的に劣化速度が大きく，また劣化変状も外観上は片方の劣化のみ現れることもあり，点検による劣化調査の段階では複合劣化であることが認識できないことも多くあります．しかしながら，劣化の原因が単独であると誤認した場合は，講じた対策の効果が十分に発揮されない，あるいは逆効果になる場合もあります．したがって，構造物の維持管理では，常に複合劣化を受けていないか，その可能性を十分に認識しておく必要があります．

表1にアルカリ骨材反応と塩害の複合劣化に対する補修工法選定の例を示します．この表では，塩害単独の場合と異なり，それぞれの劣化の過程によって適用可能な補修工法が異なります．また，脱塩工法や電気防食工法などの電気化学的手法を用いた場合には，逆にアルカリ骨材反応を促進する可能性があります[2]．

劣化を生じたコンクリート構造物の補修では，劣化要因が単独であるのか，複数あるのか，劣化要因は何であるか，また劣化の因果関係はどうかを的確に把握したうえで，補修工法を選定しなければなりません．劣化要因を誤って判断し，補修や補強などの対策を行った場合には，その効果は限定的なものとなり，再劣化の危険性も生じます．

【参考文献】
1) 日本コンクリート工学協会：複合劣化コンクリート構造物の評価と維持管理計画研究委員会報告書，2001.5
2) 鳥居和之ほか：電気防食を実施した鉄筋コンクリート部材のアルカリシリカ反応と耐荷性状，コンクリート工学年次論文集，Vol.19, No.1, 1997

# Q14 複合劣化とは

**表 1 アルカリ骨材反応と塩害の複合劣化に対する標準的な補修工法の選定[1]**

| 目的 | アルカリの劣化過程 | 0 (塩害単独) | | | | 潜伏期 I | | | | | 進展期 II | | | | | 加速期 III | | | | | 劣化期 IV | | | | | 工法選定の理由 |
|---|---|---|---|---|---|---|---|---|---|---|---|---|---|---|---|---|---|---|---|---|---|---|---|---|---|---|
| | 塩害の劣化過程 | I | II | III | IV | 0 | I | II | III | IV | 0 | I | II | III | IV | 0 | I | II | III | IV | 0 | I | II | III | IV | |
| 劣化因子の進断 | ひび割れ補修 | ◎ | ◎ | ○ | | ○ | ◎ | ◎ | ○ | | ○ | ◎ | ◎ | ○ | | ○ | ◎ | ◎ | ○ | | | ○ | ○ | ○ | | 塩害単独でのⅠの場合は表面処理工法、II以降は電気化学的脱塩工法の適用が推奨できる。また、III以降は補強工法や打換えが主工法の一つとなる。 |
| | 表面処理（遮水・遮塩系） | ◎ | ◎ | ○ | | ◎ | ◎ | ○ | ○ | | ○ | ○ | ○ | | | | ○ | ○ | | | | | | | | | |
| | 表面処理（無機塩・リチウム塩系） | ○ | ○ | ○ | | ○ | ○ | ○ | ○ | | ○ | ○ | ○ | ○ | | ○ | ○ | ○ | ○ | | | | | | | | |
| 劣化因子の除去および鋼材腐食の大幅な抑制 | 断面修復 | | | | | | | | | | | | | | | | | | | | | | | | | | いずれかの劣化機構によって安全性能あるいは使用性能の低下が懸念される場合がある。このとき、再劣化を防止するために、「主要な劣化機構」を分類し、「主要な劣化機構」の劣化過程は、「劣化因子の進行」「劣化速度の抑制」の対策を検討する。 |
| | 脱塩 | ○ | ○ | ○ | | ○ | ○ | ○ | ○ | | ○ | ○ | ○ | ○ | | ○ | ○ | ○ | ○ | | | ○ | ○ | ○ | | 塩害による鉄筋腐食が開始するまでは、表面処理工法を優先させる。表面処理による水分制御は遮塩効果も含めて塩害対策としても有効である。電気化学的手法はASRを促進させる恐れがあるので主工法としては選択しにくい。塩害によるひび割れが大きくなった後は、残存膨張量に応じて膨張拘束併用工法が有効である。 |
| | 再アルカリ化 | | | | | | | | | | | | | | | | | | | | | | | | | | |
| | 電気防食 | ○ | ○ | ○ | | ○ | ○ | ○ | ○ | | ○ | ○ | ○ | ○ | | ◎ | ◎ | ◎ | ◎ | | | ◎ | ◎ | ◎ | | |
| 耐荷力・変形性能の改善 | 鋼板・FRP接着、巻立て | ○ | ○ | ○ | | ○ | ○ | ○ | ○ | | ○ | ○ | ○ | ○ | | ○ | ○ | ○ | ○ | | | ○ | ○ | ○ | | Ⅰと同様の考え方による工法選択が有効であろう。残存膨張量が大きいため、ASR対策を優先させいたい。ただし、塩害の劣化過程がⅡ以降では、塩害対策としては表面処理では不十分となるため、脱塩工法を併用する膨張拘束・補強工法と併用して電気化学的手法を検討することもできる。 | 残存膨張量は小さくなっているので、塩害単独の場合と同様の対策をとることができる。塩害の劣化過程がⅡ以降は脱塩工法や電気防食の適用を検討する。この際、膨張拘束・補強工法を併用すれば、より安全に補修効果を得ることができる。 | ASR膨張はほぼ終了しているので、塩害単独の場合と同様の対策をとることができる。ただし、耐荷力や変形性能の低下に対して補強を行うことが前提となる。また、劣化状況が厳しければ、打換えも検討する。 |
| | 打換え、増厚 | | | | | | | | | | | | | | | | | | | | | | | | | | |
| | 膨張拘束 | | | | | | | | | | | | | | | | | | | | | | | | | | |

(注1) ◎：主工法として適用可能な工法、○：劣化状況に応じて主工法あるいは「複合される劣化機構」と「主要な劣化機構」の劣化過程に応じた工法として適用可能な工法。

(注2) 工法選定にあたっては、「主要な劣化機構」と「複合される劣化機構」の劣化速度の進行、複合劣化によって構造物に現れた劣化現象などから設定する。

# 第3章

# 塩害による損傷と構造物の性能

## 15 塩害によってコンクリート構造物はどのような損傷を受けますか.

> 塩害によるコンクリート構造物の損傷は，その進行度によって大きく異なり，外観ではまったくわからない状態から，鋼材の腐食，コンクリートのひび割れ，剥落，鋼材の破断によって最終的には構造物としての機能を失う段階まであります．特にプレストレストコンクリート構造物においては，PC鋼材に張力が導入されているため，腐食の発生までの期間は長くなりますが，腐食発生後は短期間で鋼材が破断することから，腐食の影響はより大きいといえます．

　塩化物イオンなどの劣化因子が鋼材位置まで達しない段階では，コンクリート構造物の外観には変状が見られず，コンクリート構造物の機能はまったく失われていません．しかし，酸素，水，炭酸ガス，塩化物イオンなどの劣化因子が鋼材に到達し，鋼材が腐食し腐食生成物が成長すると，鋼材方向のひび割れが発生します．ひび割れ箇所では水分の移動に伴って錆汁がコンクリート表面に現れ，構造物の美観，利用者や周辺住民の安心感，などを損ねます．この状況下で適切な処置が行われない場合には，鋼材腐食のさらなる進行によってかぶりコンクリートの剥落等を生じ，第三者に被害を与える可能性も出てきます．さらに，かぶりコンクリートを失った鋼材は急速に腐食し，鋼材の有効断面が小さくなって最終的には構造物の破壊に至る場合もあります．

このように，塩害は，鋼材の腐食の進行状況によって，軽微な美観の問題から，第三者影響度(第三者障害に対する安全性)，水密性や防食性能などの耐久性，耐荷性の問題までしだいに重度な損傷を招くことになり，できるだけ早い段階で補修を行うことが重要です．

コンクリート構造物の塩害劣化は，表1，図1にあるように，鋼材の腐食が開始するまでの潜伏期，腐食開始から腐食ひび割れ発生までの進展期，腐食ひび割れの影響で腐食速度が大幅に増加する加速期，および鋼材の大幅な断面減少などが生じる劣化期という過程に分けて考えることができます．

表1 構造物の外観上のグレードと劣化の状態 [1]

| 構造物の外観上のグレード | 劣化の状態 |
| --- | --- |
| 状態 I–1 (潜伏期) | 外観上の変状が見られない．腐食発生限界 塩化物イオン濃度以下 |
| 状態 I–2 (進展期) | 外観上の変状が見られない．腐食発生限界 塩化物イオン濃度以上．腐食が開始 |
| 状態 II–1 (加速期前期) | 腐食ひび割れが発生．錆汁が見られる |
| 状態 II–2 (加速期後期) | 腐食ひび割れが多数発生．錆汁が見られる．部分的な剥離・剥落が見られる．腐食量の増大 |
| 状態 III (劣化期) | 腐食ひび割れが多数発生．ひび割れ幅が大きい．錆汁が見られる．剥離・剥落が見られる．変位・たわみが大きい． |

PC構造物の場合は，RC構造物に比べて，水セメント比が小さく緻密なコンクリートであるため，塩化物イオン等が浸透しにくくなります．また，プレストレスの導入により，ひび割れを許容していない場合があります．こうしたことから，PC構造物では，鉄筋やPC鋼材の腐食が発生するまでの時間が長くなると考えられます．その後，PC鋼材の腐食が進行すると，PC鋼材には，あらかじめ緊張力が付加されていることから，腐食孔を起点とする応力腐食割れや腐食反応で発生する水素に起因する水素脆性割れにより，遅れ破壊的にPC鋼材が破断する可能性が発生します．この場合，PC鋼材の腐食が発生するまでの時間はRC構造物よりも長いとしても，腐食開始後は比較的短期間でPC鋼材が破断し，構造物としての耐荷力がRC構造物に比べて急激に低下する状況も考えられます．

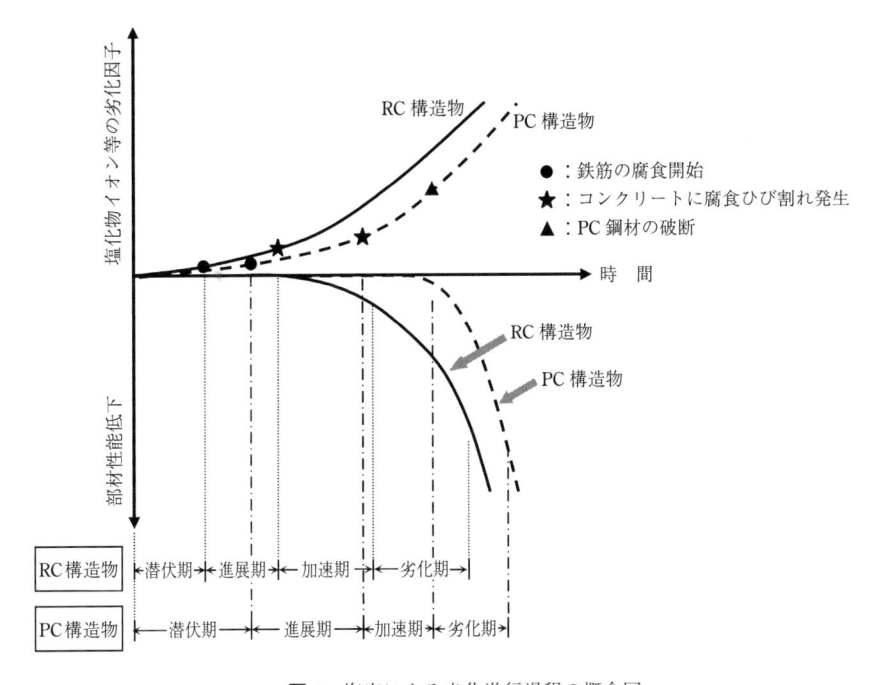

図1 塩害による劣化進行過程の概念図

【参考文献】
1) 日本コンクリート工学協会：コンクリート診断技術'01 [基礎編], 2001.9
2) 日本コンクリート工学協会：複合劣化コンクリート構造物の評価と維持管理計画研究委員会報告書, 2001.5

## Tea Time

### 5 PC鋼材の腐食

塩害，中性化などにより劣化したPC構造物では，PC鋼材の腐食が進行すると，以下のような現象が生じます．

(1) PC鋼材には，あらかじめ緊張力が付加されていることから，この緊張力と鋼材の腐食との相乗作用によって割れが生じる現象(応力腐食割れ)
(2) PC鋼材の腐食によって生じた水素が鋼材内部に吸蔵されて鋼材が脆くなり，割れが生じる現象(水素脆性割れ)
(3) PC鋼材の腐食を起点として孔状に内部に向って腐食が進行する現象(孔食)

これらにより，PC鋼材は遅れ破壊的に破断する可能性があり，結果として，構造物の耐荷力が低下することになります．

図1は，塩水噴霧期間の違いによるPC鋼材，鉄筋の最大孔食深さを示したものです．これによると，3ヶ月の塩水噴霧により，鉄筋の最大孔食深さがPC鋼材よりも大きくなっています．試験終了後，腐食生成物を除去した鋼材表面を観察すると，PC鋼材の場合は，比較的小さい凹凸が全面的に広がっているのに対して，RC用鉄筋の場合は，表面の凹凸が激しく，所々大きな孔食が見られ，孔食の発生状況は異なる結果となっています．

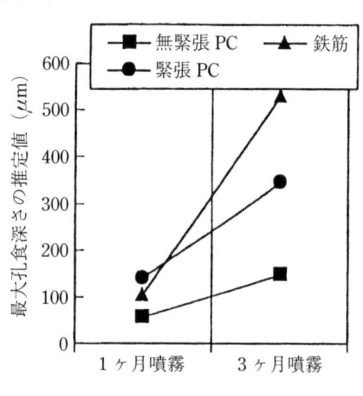

図1 塩水噴霧による最大孔食深さ[1]

PC鋼材の場合，鉄筋よりも不純物が少なく均質性が高いために，孔食の進展が遅いものと考えられます．また，PC鋼材の中では，緊張力を与えた鋼材の方が孔食深さが大きくなっており，緊張力の影響が明確に認められます．

【参考文献】
1) 宮川 豊章ほか：塩水を噴霧したPC鋼材の応力腐食挙動，コンクリート工学年次論文集，Vol.22, No.1, pp.109–114, 2000

## 16 コンクリート構造物の劣化を調査する手法はありますか．

コンクリート構造物の劣化に対して様々な調査手法が研究開発されており，また，その進行度を評価するための指針類が整備されています．

コンクリート構造物の劣化度評価は，まず日常点検や定期点検において外観上の変状を調査することから始まります．そこでコンクリート構造物にひび割れ，錆汁，剥離などの異常が確認された場合には以下に示す詳細点検が実施されます．

**(1) コンクリートの劣化の調査**
1) ひび割れの形状 (写真)，幅 (クラックスケール)，深さ (超音波法) の測定
2) 剥離・剥落箇所の形状 (写真)，幅 (スケール)，深さ (超音波法) の測定
3) 部材のたわみ量，傾斜量等変形・変位の測定 (変位計・傾斜計)

その他，コンクリートの圧縮強度の調査としてテストハンマーによる打撃，コアサンプリングによる各種試験 (局部破壊法) などがあります．

**(2) 劣化因子・進行度の調査**
1) はつり部やコア供試体による中性化深さの測定 (フェノールフタレイン法)
2) ドリルで採取した粉末やコア供試体による塩化物イオン量の測定 (電位差滴定法)
3) コア供試体を用いたアルカリ骨材反応の残存膨張量試験 (JCI-DD2法)

その他，コンクリートの化学組織の調査として偏光・電子顕微鏡による観察，X線分析，EPMA，熱分析などがあります．

**(3) 鋼材の腐食状況の調査**
1) 錆汁状況の記録
2) はつりによる鋼材の腐食面積の測定や腐食度の判定
3) 鋼材切り出しによる腐食減少量，引張強度の測定
4) はつり，打診，電位測定 (自然電位法) による腐食位置の把握
5) 腐食速度の把握 (分極抵抗法)

その他，鋼材の位置，径，かぶりの調査として電磁波レーダー法，X線法などがあります．

また，学会や発注機関ではコンクリートのひび割れ幅や腐食の状況に応じて，補修の判定基準を設けています．これらは，本来であれば損傷の評価を行い，必要に応じて劣化予測も行い，その結果，補修の要否やその時期を判断する必要がありますが，現在の技術ではそれが困難であることから用いられているものです．その代表例として，日本コンクリート工学協会の指針[2]に記載された補修の採否を決めるひび割れ幅を表1に示します．

**表1 補修の要否に関するひび割れ幅の限度[2]**

| 区 分 | その他の要因 *1 | 耐久性から見た場合 | | | 防水性から見た場合 |
|---|---|---|---|---|---|
| | | 厳しい環境 *2 | 中間的環境 *2 | 緩やかな環境 *2 | — |
| (A) 補修を必要とするひび割れ幅 (mm) | 大 | 0.4 以上 | 0.4 以上 | 0.6 以上 | 0.2 以上 |
| | 中 | 0.4 以上 | 0.6 以上 | 0.8 以上 | 0.2 以上 |
| | 小 | 0.6 以上 | 0.8 以上 | 1.0 以上 | 0.2 以上 |
| (B) 補修を必要としないひび割れ幅 (mm) | 大 | 0.1 以下 | 0.2 以下 | 0.2 以下 | 0.05 以下 |
| | 中 | 0.1 以下 | 0.2 以下 | 0.3 以下 | 0.05 以下 |
| | 小 | 0.2 以下 | 0.3 以下 | 0.3 以下 | 0.05 以下 |

注：*1 その他の要因 (大，中，小) とは，コンクリート構造物の耐久性および防水性に及ぼす有害性の程度を示し，下記の要因の影響を総合判断して定める．
　　　ひび割れの深さ・パターン，かぶり厚さ，コンクリート表面被覆の有無，材料・配(調)合，打継ぎなど．
　　*2 主として鉄筋の錆の発生条件の観点からみた環境条件．

【参考文献】
1) 日本非破壊検査協会：コンクリート構造物の非破壊試験法，養賢堂，1994
2) 日本コンクリート工学協会：コンクリートのひび割れ調査，補修・補強指針，1997

# 17 劣化したコンクリート構造物の性能はどのようになりますか．

> 一般に劣化したコンクリート構造物は，建設直後の性能よりも低下する傾向にあります．

　コンクリート構造物に求められる性能は，安全性能，使用性能，第三者影響度に関する性能，美観・景観，および耐久性能があります．これらの性能は，図1に示すように，コンクリート構造物の劣化の進行に伴って低下する傾向にあります．

　安全性能は，例えば構造物の転倒や滑動に対する安定性のように構造物の崩壊にかかわる安全性が含まれますが，一般的なものは部材の耐荷性能です．耐荷性能の低下は，凍結融解，化学的侵食などによるコンクリートの有効断面の減少，腐食による鋼材断面の減少や付着特性の変化，孔食による鋼材の引張強度の低下，などがあります．例えば，鉄筋コンクリート部材を対象として，図2に示すように鋼材の腐食減量率に伴ってコンクリート部材の各種の耐力が低下することを表した試算結果があります．

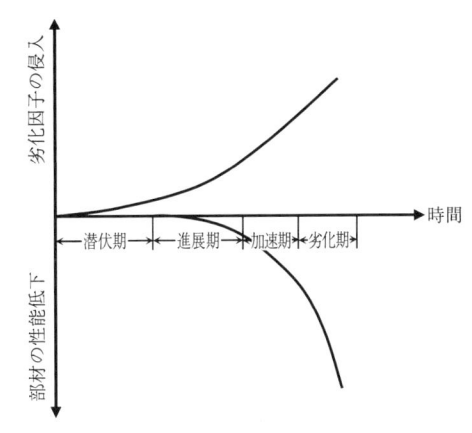

**図1　劣化進行による性能低下の概念図**

　使用性能には，構造物の使用性あるいは機能性に関するものがあります．使用性は，荷重に対する大きな変形や振動などサービス性に関するものです．機能性は，構造物が目的または要求に応じて果たす役割に関するものです．橋梁を例にすれば，使用性の低下は伸縮装置の損傷による車両走行性の低下，機能性の低下は予想以上に増大する交通量に対して車線が不足する，など構造物本来の機能の陳腐化が挙げられます．

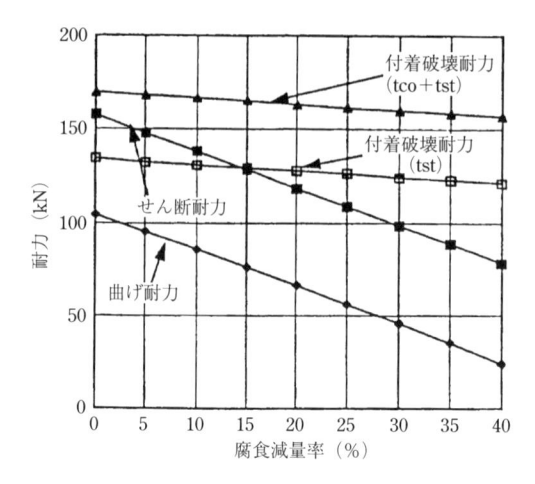

図2 鋼材の腐食減量率に伴うコンクリート部材の耐力低下[2]

　第三者影響度に関する性能は，コンクリートの浮きやコールドジョイントなどにより，構造物の一部，例えばかぶりコンクリート片やタイル片などが落下することによって，その周辺や下の人または物に被害を与える可能性の有無についてです．構造物に浮きやコールドジョイントなどの変状があり，その周辺や下に人または物が存在する場合には，第三者影響度に関する性能が満足されていないと考えられます．

　美観・景観は，ひび割れ，スケーリング，錆汁，漏水跡などが，構造物位置における美観や景観を損なうか否か，あるいはその構造物を見る人や利用者に不快感や不安感を与えるか否かということです．これらは，判断基準が主観的なものとなりますので，基準を定めることが困難な場合が多いと考えられます．

　このように，構造物の安全性能，使用性能，第三者影響度に関する性能および景観・美観の各性能の低下は，結果として構造物の耐久性能が低下することとなります．

【参考文献】
1) 土木学会：コンクリート構造物の維持管理指針 (案)，1995.10
2) 日本コンクリート工学協会：コンクリート構造物のリハビリテーション研究委員会報告書，1998.10

# 18 劣化したコンクリート構造物の耐久性を確保するためにはどのようにすればよいのですか

> 劣化したコンクリート構造物の調査・診断をもとに，現状の性能やその将来予測を維持管理に役立てることで，コンクリート構造物の耐久性を確保することが可能となります．

コンクリート構造物は供用期間において，それに要求される性能(安全性能，使用性能，第三者影響度に関する性能，美観・景観)を許容範囲内に保持する必要があります．すなわち，耐久性の確保であり，構造物が有する保有性能がそれぞれの要求性能を満足しなければなりません．

従来では，構造物の点検により得られた結果をもとに，それの劣化進行度を経験的(定性的)に予測し，必要に応じて補修・補強が行われてきました．例えば，点検によりコンクリートの浮きが発見され，現状ではコンクリート片が落下する恐れはないが，近い将来に落下が予想されると判断された場合には，浮きに対する補修を行うといったことです．

今後は，構造物に対して適切で計画的な維持管理を行う必要があります．このためには，構造物の性能低下が，構造物の供用されている環境下においてどのように推移するかを予測しなければなりません．また，現状において構造物の性能低下の程度が許容範囲内(要求水準を満足しているかどうか)で，どの程度劣化しているのか評価する必要があります．さらに，構造物が予定供用期間中にどのような劣化機構で，どのような速さで限界に達するかを判断します．もし，予

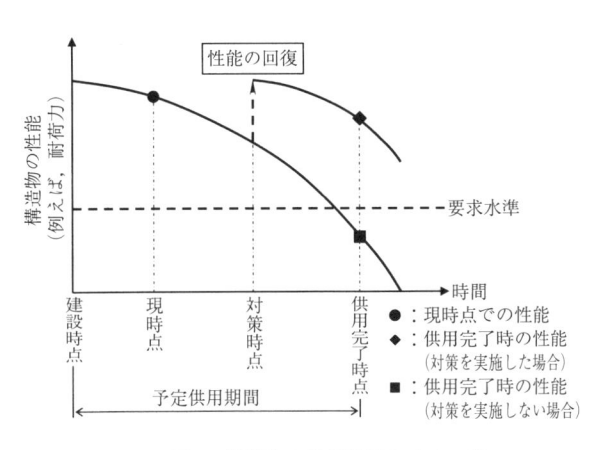

図1 構造物の性能低下のイメージ

定供用期間内に構造物の性能が要求水準を満足していないと予想される場合は，対策を講じなければなりません(図1)．

このためには，構造物の予定供用期間内における安全性能，使用性能，第三者影響度に関する性能，美観・景観のそれぞれの性能低下を精度よく予測・評価する必要があります．

このような観点から，最近では，劣化要因に応じた劣化過程，劣化予測の研究が盛んに行われています．図2，図3に研究事例を示します．

しかし，劣化予測技術，性能の評価技術は，まだ多くの課題のもとに研究開発が精力的に行われているのが現状です．また，土木学会コンクリート標準示方書に関しても耐久設計をとり入れた内容に改訂が進められています[3]．そのため，今後，適切な劣化予測モデルや高度な性能の評価技術の研究開発が行われることによって，コンクリート構造物の耐久性能がいっそう精度よく評価できるものと考えられます．

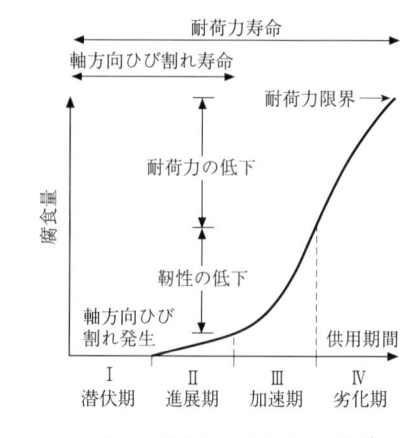

**図2** 塩害における劣化過程 [2]

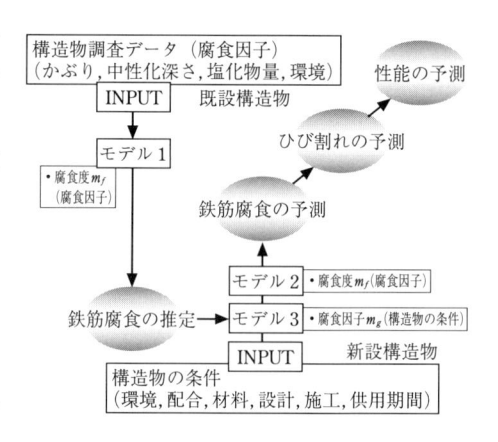

**図3** 鋼材腐食による劣化予測 [2]

【参考文献】
1) 宮川 豊章ほか：塩分雰囲気中におけるコンクリート構造物の寿命予測と耐久性設計について，日本コンクリート工学協会コンクリート構造物の寿命予測と耐久性設計に関するシンポジウム論文集，pp.47-54，1988.4
2) 日本コンクリート工学協会：コンクリート構造物のリハビリテーション研究委員会報告書，1998.10
3) 土木学会：2002年制定コンクリート標準示方書「施工編」，2002

# 第4章

## 新設構造物の耐久性向上技術

### 19 海洋環境下にコンクリート構造物を建設する場合の留意点を教えて下さい．

> 設計段階から維持管理段階まで構造物の要求性能を満足することを十分に照査することが大切です．

　すでに第2章で説明したように，海洋環境下では，塩害は，塩分が多量に飛来して構造物表面に付着し，時間の経過とともにコンクリート中に拡散し鋼材が腐食することにより生じます．しかし，海洋環境下にあるコンクリート構造物は，必ずしもすべて鋼材腐食による塩害が発生しているわけではありません．これには，大別して2つの原因があります．

　1つ目は，構造物が建設される位置や周辺の地形などの環境条件により影響を受け，飛来する塩分量が異なるという環境外力の大きさの原因です．2つ目は，構造物表面に付着した塩分のコンクリート中への拡散に関する原因です．これは，コンクリート自体の塩化物イオンの拡散と鋼材を保護する役割であるかぶり厚さ，かぶりのひび割れの有無やその大きさに関するものです．そのほかに，構造物の形状に関するものもあり，複雑な形状で比表面積(表面積と断面積の比)が大きいものは，コンクリート表面に多量の塩化物が付着しやすく，結果的に環境外力が大きくなることもあります．

　したがって，環境条件に応じ，相応な抵抗力のある構造物を建設することが重要となります．

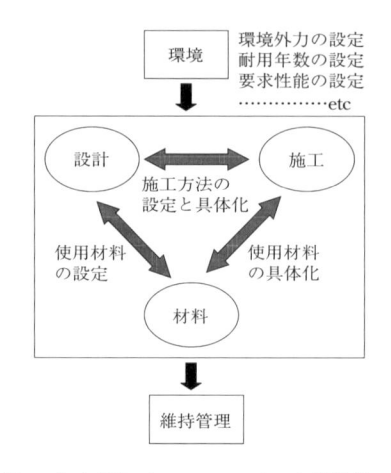

図1 塩害環境下でのコンクリート構造物の留意点

　図1にそって，構造物にとって過酷な環境となる海洋環境下での建設に当たり，留意すべき点を設計，施工に分けて考えてみます．
　まず，設計面です．構造物の環境条件を把握することがいかに難しいかは上述したとおりですが，環境条件は外力の一種なので，設計では定量的に把握することが必要となります．それと同時に構造物の耐用年数を定め，その期間にどのような性能を保持しなければならないか定めます．このような設定は，設計を行ううえで極めて重要かつ基本的な事項なので慎重に行う必要があります．次に，構造物として要求された性能を保持できるように，各種材料や構造諸元が定められます．必要な性能は耐用期間中保持しなければならないので，仮定した材料の様々な特性を用いて，環境外力に対する耐久性能を定量的に評価することになります．例えば，コンクリートを構成する材料や配合，かぶりなどを仮定し，耐用期間中にコンクリート内へ塩化物がどの程度拡散するのか，そして拡散した塩分量で鋼材腐食により安全性がどの程度低下するのか，などが検討されます．要求された安全水準を確保できない場合には，構造諸元や適用材料などを仮定し直し，要求が満足できるまで検討が繰り返されます．
　次に施工面について考えてみましょう．設計では大別して，環境を含めた外力設定，要求性能，耐用年数などの構造物にとって最も基本的な事項の設定，建設のための構造諸元や材料仕様の設定の2つが大きな目的となります．

一方，施工では前者は基本的には変わらないので，主に後者についていかに具体的に実施(建設)するかが求められます．設計で定められた構造物の力学的特性はもちろんのこと，設計で仮定された構造物の耐久性を下回ることのないように適用材料や施工方法を具体的に定め，それを計画どおり実施することになります．そして，設計で考慮されていないような事項についても，必要に応じて検討し，完成した構造物の保有性能が要求性能を下回ることのないように保証することが求められます．

抽象的な説明ばかりでわかりにくいと思いますので，耐久性能についてコンクリート材料に着目して説明します．まず設計では，構造物が建設される地点から環境外力の一種であるコンクリート表面塩化物量が決定されます．そして，セメント種類，水セメント比，そして混和材料などのコンクリート材料を仮定すると塩化物イオンの見かけの拡散係数が求まり，塩化物イオンの拡散速度がわかります．さらに，かぶりを仮定すると，鋼材が腐食を開始する塩化物イオン濃度を鋼材腐食発生限界濃度とした場合，鋼材腐食開始時期がわかります．鋼材が腐食開始と同時に構造物の安全性能が低下するとすると，鋼材腐食開始時期と耐用年数の比較により性能照査が可能となります．前者が後者に比べて短い場合には，コンクリート材料またはかぶりの仮定を再度行い，構造物の保有性能を高めて再度検討を行います．ただし，鋼材腐食の進行度と構造物の安全率の関係はまだ不明な点が多いのが現状ですので，今のところ鋼材腐食の開始とともに構造物の安全性能が満足しなくなると仮定される場合が多いようです．

施工では，構造物の自重の関係からかぶりは設計に従うとし，設計で仮定された見かけの拡散係数以上の性能を有するコンクリート材料や配合を定めることになります．コンクリートのジャンカや施工中のひび割れなどは設計で考慮されていない因子なので，このような問題によりコンクリートの性能低下が生じないように施工されます．また，型枠用セパレータは施工上避けられないものですので，その跡埋め部が欠陥とならないように，コンクリートの一般部より優れた性能を有するような処置が施されます．

このように，設計，施工のいずれの段階においても，要求される性能を満足できる構造物であることをなんらかの方法で照査しながら進められることが重要となります．

## 20 コンクリート構造物の塩害とコンクリートの配合との関係を教えて下さい．

> 劣化因子が外部環境からコンクリート中に拡散し鋼材が腐食するため，コンクリートの性能はコンクリート構造物の塩害と深く関係しています．

塩害によるコンクリート構造物の損傷は，コンクリート中の鋼材が腐食することによって生じるものであり，塩化物イオン，空気，酸素，水が劣化因子として挙げられます．これらは，外部環境からコンクリートのかぶりを通して鋼材に到達するため，コンクリートの性能はコンクリート構造物の塩害と深く関係します．したがって，コンクリートの配合決定にあたっては，強度だけでなく，以下に示す項目について留意する必要があります．

(1) 水セメント比

コンクリート中の塩化物イオンは，コンクリートに存在する水を媒介として，塩化物イオンの濃度差による拡散や，乾湿繰返しによる水の移流によってコンクリート内部へと移動していきます．コンクリートの水セメント比が大きい場合や養生が十分でない場合は，コンクリートはポーラスとなり塩化物イオンを含んだ水や酸素の移動が容易となります．したがって，水セメント比を小さくして，密実なコンクリートを製造することが重要となります．

Q7 に示した塩化物イオンの見かけの拡散係数が，図1に示すように水セメント比に依存することを利用して，土木学会では，設計耐用期間にわたって鋼材位置における塩化物イオン濃度が，腐食発生限界濃度以下とする照査方法を定めています[1]．

(2) 単位水量

コンクリートの単位水量が増加すると，コンクリートの分離，ブリーディングによる水みちの増加，乾燥収縮や沈下によるコンクリートのひび割れ，などコンクリートの初期欠陥の原因となり，劣化因子がコンクリート内部へ浸透しやすくなります．

(3) ワーカビリティー

水セメント比や単位水量を小さくすると施工性が低下し，ジャンカ等が生じ初期欠陥の原因となります．そこで，施工性に優れるワーカブルなコンク

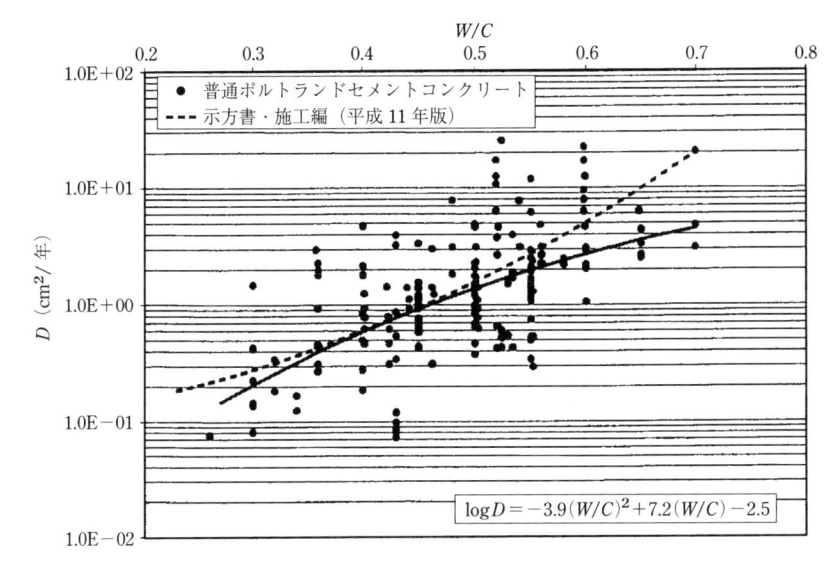

図1 水セメント比と拡散係数の関係[1]

凡例: ● 普通ポルトランドセメントコンクリート / --- 示方書・施工編（平成11年版）

$$\log D = -3.9(W/C)^2 + 7.2(W/C) - 2.5$$

リートを得るために減水剤・AE減水剤，高性能減水剤，高性能AE減水剤などの混和剤を使用しています．

【参考文献】
1) 土木学会：2002年版コンクリート標準示方書 改訂資料，コンクリートライブラリー 108

## 21 水セメント比を低下させることによってなぜコンクリートは密実になり耐久性が向上するのか教えて下さい．

　水セメント比を低下させることによって，沈下ひび割れ，ブリーディングによる水みち，遷移帯が少なくなるとともに，セメント硬化体中のキャピラリー空隙(毛細管空隙)量が減少してコンクリートは密実となり，外環境からの劣化因子が浸入しにくくなります．しかし，水セメント比を小さくすることによる弊害に対しても注意が必要です．

　コンクリートは，セメント，水，骨材および混和材を練り混ぜて製造します．このうち，骨材や混和材の一部は，硬化後もそのままの状態でコンクリート中に残りますが，セメントは水と結合してセメント水和物を生成し，これが接着剤の役目を果たしてコンクリートとして強度が付与されます．

　硬化したコンクリートには，様々な空隙が存在します．この空隙の量が多いと，塩化物イオンなどの劣化因子がコンクリート中に浸透しやすくなり，劣化が生じやすくなります．

　コンクリートの空隙としては，沈下ひび割れ，水和熱による温度ひび割れや，骨材とセメント硬化体部分の界面に存在する不連続でポーラスな遷移帯，ブリーディングによる水みちのほか，セメント硬化体部分にも空隙が存在します[1]．表1に一般的な硬化コンクリート中のセメント硬化体における空隙の大きさを示します．エントレインドエアやエントラップトエア[2]は，コンクリート中では独立気泡として存在するために，塩化物イオンの浸透に関しては特に問題となる空隙ではありませんが，キャピラリー空隙は塩化物イオンの浸入に大きく影響すると考えられます．

表1 硬化コンクリート中のセメント硬化体部分に存在する空隙の大きさとその量

|  | 大きさ |
|---|---|
| エントラップトエア | 数 $100\,\mu m$ 程度 |
| エントレインドエア | 数 $10\,\mu m \sim 100\,\mu m$ 程度 |
| キャピラリー空隙 | $3\,nm \sim 10\,\mu m$ |
| ゲル空隙 | $1.5 \sim 3\,nm$ |

## Q21 水セメント比を低下させるとコンクリートが密実になり耐久性が向上する

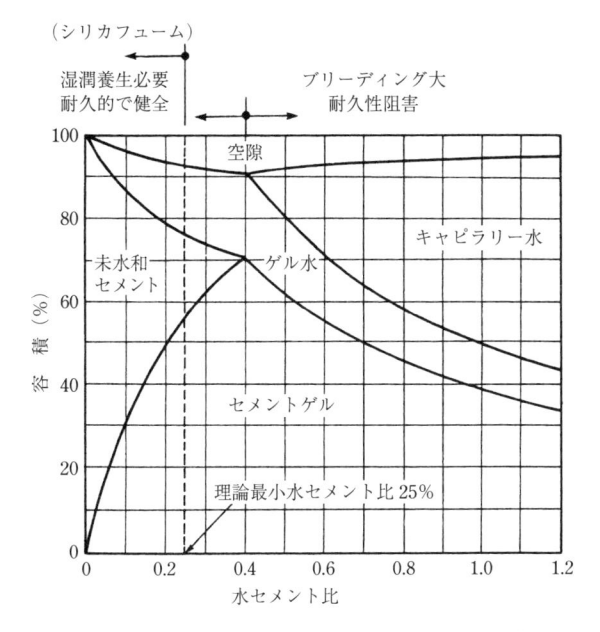

**図1** セメント硬化体中の成分の容積百分率[3]

図1は，一般的なセメント硬化体中の水セメント比の違いによる個々の成分容積を示したものです．

キャピラリー水はセメント水和生成物間の空隙 (3 nm～10 μm) に存在する水で，ゲル水は水和生成物内にある非常に小さな空隙 (1.5～3.0 nm) に存在する水です．セメントの水和に必要な水セメント比 (理論水セメント比) は約25 %であり，それ以上の水はセメントペースト中にゲル水やキャピラリー水としてコンクリート中に存在します．また，コンクリートが乾燥すればキャピラリー水は容易に水を失ってキャピラリー空隙となります．

したがって，水セメント比を小さくすると，沈下ひび割れ，ブリーディングによる水みちや遷移帯が少なくなり，セメントペースト部分にも外からの劣化因子が浸入しにくい密実なコンクリートとなります．

一方，水セメント比は小さいほどよいのかといえば，そうではありません．水セメント比が小さいコンクリートは，**Q20** でも説明したようにワーカビリティーが低下します．そして高性能AE減水剤等の混和剤を使用すると，コンクリートの粘性は大きくなるため，施工性の検討を十分に行い，空洞やジャ

ンカを生じさせないように注意しなければなりません．

　また，水セメント比の小さいコンクリートは，一般的に単位セメント量が増加するために温度ひび割れの発生や，コンクリート中のアルカリ量の増大が懸念され，さらに自己収縮量も大きくなることが知られています．

　水セメント比を小さくしても，施工性が低下し，その結果としてコンクリートに空隙やひび割れが発生し，初期欠陥を誘発するようなコンクリートの配合となっては意味がありません．水セメント比の設定は，耐久性に対する要求性能を満足するとともに，施工性，経済性も含めて，十分に検討して決める必要があります．

【参考文献】
1) 日本コンクリート工学協会：コンクリート便覧(第2版)，pp.38–39，技報堂出版，1996
2) 日本コンクリート工学協会：コンクリート技術の要点'01，pp.56–57，2001.9
3) 六車 熙：コンクリートをめぐる諸問題，コンクリート工学，Vol.36，No.10，pp.18–25，1998.10

## 22 コンクリートは水セメント比を低下させること以外にも耐久性を向上させる方法がありますか．

> 高炉スラグ微粉末，シリカフューム，フライアッシュなどの混和材を混入し，緻密なコンクリートを製造することにより耐久性を向上させる方法があります．

　コンクリートの耐久性を向上させるために，高炉スラグ微粉末，シリカフューム，フライアッシュなどの混和材を混入し，緻密なコンクリートを製造することにより耐久性を向上させる方法があります．混和材料は，セメント，水，骨材以外の材料で，コンクリートの性能を改善し，品質を向上させる目的で混入される材料です．

　図1は普通ポルトランドセメントとそれに各種混和材を混入したコンクリートの塩化物浸透試験の結果を示したものです．試験は，NaCl 4％溶液浸漬7日，自然乾燥3日を1サイクルとし，50サイクル繰り返し行われたものです．混和材混入コンクリートへの塩化物浸透量は，普通ポルトランドセメントへのそれと比較して，明らかに少なくなっています．

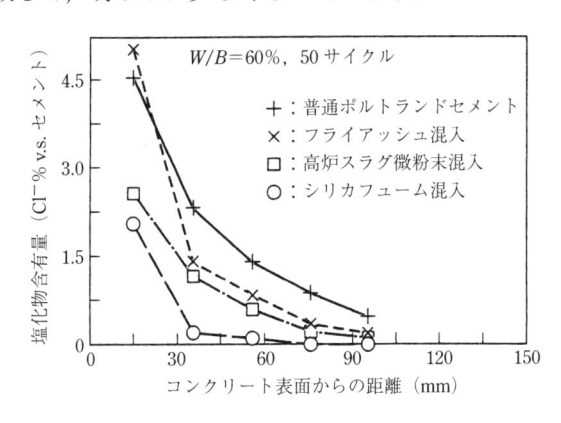

図1　混和材混入コンクリートの塩化物浸透試験結果の一例 [1]

### (1) 高炉スラグ微粉末

　高炉スラグ微粉末は高炉から排出された溶融状態のスラグを高速の水や空気を多量に吹き付けて急激に冷却し微粉末状に粉砕し粒度調整をしたもので

す．高炉スラグ微粉末は，粒子の表面積と重さの比で表す比表面積の大きさに応じて，表1に示すように3種類のものがJIS A 6206に規定されています[2]．高炉スラグ微粉末を用いたコンクリートのスラグの置換率は目的や種類により置換率は相違しており30～70％の範囲が一般的に用いられ，微粉末の種類や置換率によりコンクリートの品質が異なるため土木学会で施工指針[2]がとりまとめられています．

表1 高炉スラグ微粉末の種類と比表面積[2]

| 種類 | 比表面積 ($cm^2/g$) |
|---|---|
| 高炉スラグ微粉末4000 | 3000以上　5000未満 |
| 高炉スラグ微粉末6000 | 5000以上　7000未満 |
| 高炉スラグ微粉末8000 | 7000以上　10000未満 |

**(2) シリカフューム**

シリカフュームはシリコン合金を製造する際の中間生成物として発生する二酸化けい素を集塵機で回収した副産物です．形状は完全な球形で1 μm以下，平均粒径0.1 μm，比重は2.1～2.2程度，比表面積は200000 $cm^2/g$ 程度の超微粒子です．

シリカフューム粒子はセメント粒子より細かいため，セメント粒子間の充填，水和生成物核の役割を果たすと考えられています．シリカフュームを添加したモルタルやコンクリートは，細孔構造が緻密となるため塩化物イオンの浸透は小さくなるといわれています．

一般に，シリカフュームの置換率は5～15％の範囲で使用されていますが，セメントや混和剤の種類との相性の検討も必要です[3]．

**(3) フライアッシュ**

フライアッシュは石炭火力発電所の溶融した灰分が冷却されて球状となったものを集塵器等で集めた副産物で，品質は石炭の品質や燃焼条件，捕集方法などによって異なります．フライアッシュは，表2に示すように粉末度によりⅠ種～Ⅳ種に分かれ，置換率は10～40％の範囲です[4]．フライアッシュの粒子の大部分は，表面が滑らかな球状となっており，これは他の混和材に見られない特徴です．その結果，コンクリートに混入したときのワーカビリティーが改善され，所要のコンシステンシーを得るために必要な単位水量が少なくなります．

表 2 フライアッシュの種類と品質 [4]

| 項　目 | | フライアッシュI種 | フライアッシュII種 | フライアッシュIII種 | フライアッシュIV種 |
|---|---|---|---|---|---|
| 二酸化けい素 (%) | | 45.0 以上 | | | |
| 湿　　分 (%) | | 1.0 以下 | | | |
| 強熱減量 [*1] (%) | | 3.0 以下 | 5.0 以下 | 8.0 以下 | 5.0 以下 |
| 密　　度 (g/cm$^3$) | | 1.95 以上 | | | |
| 粉末度 [*2] | 45 μm ふるい残分 (網ふるい方法 [*3] ; %) | 10 以下 | 40 以下 | 40 以下 | 70 以下 |
| | 比表面積 (ブレーン方法 ; cm$^2$/g) | 5 000 以上 | 2 500 以上 | 2 500 以上 | 1 500 以上 |
| フロー値比 (%) | | 105 以上 | 95 以上 | 85 以上 | 75 以上 |
| 活性度指数 (%) | 材齢 28 日 | 90 以上 | 80 以上 | 80 以上 | 60 以上 |
| | 材齢 91 日 | 100 以上 | 90 以上 | 90 以上 | 70 以上 |

注：*1　強熱減量に代えて，未燃炭素含有量の測定を JIS M 8819 または JIS R 1603 に規定する方法で行い，その結果に対し強熱減量の規定値を適用してもよい．
　　*2　粉末度は，網ふるい方法またはブレーン方法による．
　　*3　粉末度を網ふるい方法による場合は，ブレーン方法による比表面積の試験結果を参考値として併記する．

【参考文献】
1) 日本コンクリート工学協会：塩害雰囲気下の過酷環境下におけるコンクリート構造物の保護，コンクリート工学，Vol.38, No.3, pp.24–28, 2000
2) 土木学会：高炉スラグ微粉末を用いたコンクリートの施工指針，コンクリートライブラリー 86, pp.1–4
3) 土木学会：シリカフュームを用いたコンクリートの設計・施工指針 (案)，コンクリートライブラリー 80, pp.1–9
4) 土木学会：フライアッシュを用いたコンクリートの施工指針 (案)，コンクリートライブラリー 94, pp.3–6

## 23 施工の良否に左右されず,信頼性の高いコンクリートを製造,打設できますか.

> 高流動コンクリートを利用すれば可能です.

コンクリート打設では,ジャンカ,豆板,コールドジョイントや材料分離などが生じることがあり,その大きさや強度によっては部材の剛性や耐久性などにも大きな影響を与え,場合によっては欠陥ともなりうることがあります.これらの発生は,コンクリートのワーカビリティーだけでなく,締固め程度に大きく影響を受けます.このような作業標準は様々な規準類で定められていますが,締固め作業の良否は作業員の技量に左右されることから,現場では厳しい施工管理が常に必要とされてきました.そこで,コンクリートの締固め作業を省略したまま,材料分離することなくコンクリートを型枠のすみずみまで充填でき,締固めの良否にかかわらず密実なコンクリートの打設が可能となる高流動コンクリートが開発されました.その背景には,構造物の大型化や複雑化による施工技術の高度化,熟練作業員不足など,建設業が本来抱えている問題解決があります.

高流動コンクリートには,高い流動性と適度の材料分離抵抗性が必要です.現在では,増粘剤を添加する増粘剤系,粉体量を増加させる粉体系,両者を併用する併用系の3種類の高流動コンクリートが実用化されています[1].

高流動コンクリートは,混和材の種類とその置換率,混和剤の種類と添加量などが特徴的で,これらの配合精度がフレッシュ時の性状に大きく影響を及ぼすため,設備の整った製造プラントで計量や練混ぜが適切かつ安定的に行われなければなりません.

実施工に先立って行われる試験練りで,スランプフロー試験,500 mm フロー到達時間,漏斗流下時間,などによりコンシステンシーを定め,実構造物を模擬した間隙通過試験により充填性を確認します.実構造物では,一般に,スランプフロー試験,500 mm フロー到達時間,漏斗流下時間,などのコンシステンシーに関する試験で品質管理が行われます.

写真1に,道路橋用プレテンション橋桁断面を模した実物大充填試験装置により,充填性を確認した写真を示します.

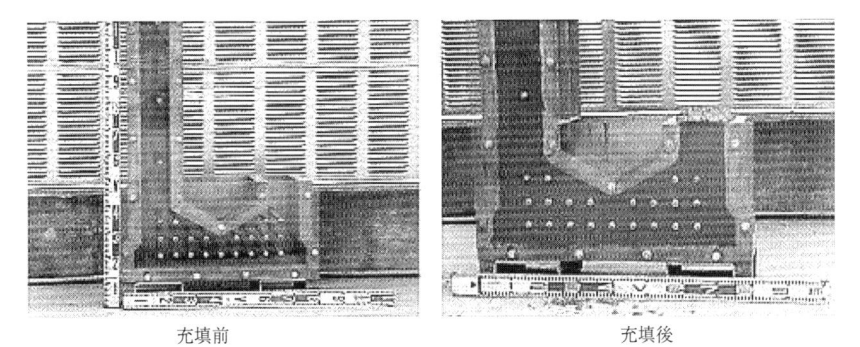

Q23 施工の良否に左右されない信頼性の高いコンクリートの製造，打設 / 85

充填前  充填後

**写真1** 充填性の確認

【参考文献】
1) 土木学会：高流動コンクリート施工指針，コンクリートライブラリー 93, pp.3–8

## 24 防錆処理を施した鉄筋やPC鋼材について教えて下さい．

> エポキシ樹脂やポリエチレン樹脂で被覆した鉄筋，PC鋼材があります．

海洋環境下ではかぶりやコンクリートの材料の選定だけで，塩害を防ぐことが困難な場合もあります．そこで，防錆処理を施した鉄筋やPC鋼材を使用することもあります．防錆処理を施した鉄筋にはエポキシ樹脂塗装鉄筋があり，PC鋼材にはポリエチレンやエポキシ樹脂などを被覆したものがあります．また，従来のセメントミルクによるグラウト材をエポキシ樹脂に置き換えた，プレグラウトPC鋼材もあります．

### (1) エポキシ樹脂塗装鉄筋

エポキシ樹脂塗装鉄筋は異形鉄筋にエポキシ樹脂を静電粉体塗装したもので，塗膜厚さは220 μmが標準とされています[1]．塗装鉄筋の防食性能は，長期間の暴露試験等でも確認されていますが[2]，塗装に欠陥があった場合には，通常の鉄筋と比較して腐食速度が大きくなることがあるために，塗装鉄筋の品質管理や取扱いには注意が必要です．

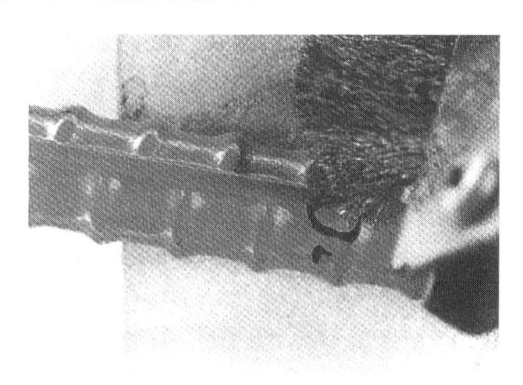

**写真1** ピンホールの検査状況[1]

品質管理の一つとして，写真1に示すようにピンホール検査があります．ピンホール検査はホリデー・ディテクターと鋼材との間に高電圧を負荷させてスパークによりピンホールの数を検出します．塗装鉄筋の塗膜は損傷しや

すいため，切断や曲げ加工，運搬，保管方法など，取扱いには注意が必要で，損傷部分はエポキシ樹脂塗装により補修します．

塗装鉄筋を使用した場合，付着強度が若干低下するものの，曲げ耐荷性状にはほとんど影響を及ぼさないことが静的載荷試験および繰返し疲労試験によって確かめられています[1]．

### (2) 被覆 PC 鋼材

PC 鋼材の防錆はグラウトと呼ばれるセメントミルクを注入することが基本です．塩害環境下において，施工中の PC 鋼材の防食や高耐久化をめざしたマルチレイヤープロテクションの考え方により，様々な防食技術が併用されるようになってきました．内ケーブルでは，かぶり，防食シース，グラウトおよび被覆 PC 鋼材，外ケーブルでは PE (ポリエチレン) 管やグラウトと被覆 PC 鋼材の併用など，様々な形態で PC 構造物の耐久性を高める技術が開発されています．

被覆 PC 鋼材には，図 1 に示すようにエポキシ樹脂塗装鋼材とポリエチレン樹脂被覆鋼材の 2 種類があります．エポキシ樹脂塗装鋼材の膜厚は 500〜600 μm が多く用いられており，1S15.2 までの PC 鋼より線に使用され，それ以上の太径の鋼線にはポリエチレン樹脂被覆鋼材のみとなります．取扱いはエポキシ樹脂塗装鉄筋と同様に注意が必要です．さらに，一般の PC 鋼材と比較して，定着時のセット量が大きくなることにも注意が必要です．

### (3) プレグラウト PC 鋼材

PC 鋼材を防錆するためのグラウト注入は，確実に行う必要があります．しかし，なんらかの原因で充填が不十分となり，防錆効果が発揮できない可能性もあります．そこで，確実なグラウトの充填，品質管理およびグラウト作業の省力化を目的とし，図 2 に示す

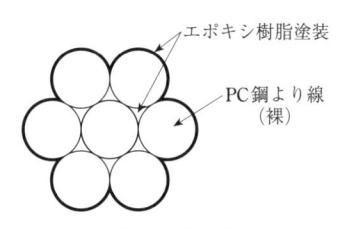

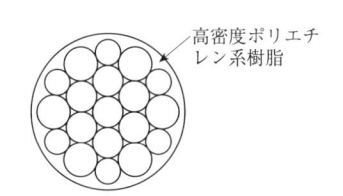

図 1 被覆 PC 鋼材の例[3]

ようにPC鋼材と高密度ポリエチレンシースの間に未硬化のエポキシ樹脂を充填した，プレグラウトPC鋼材が開発されています．

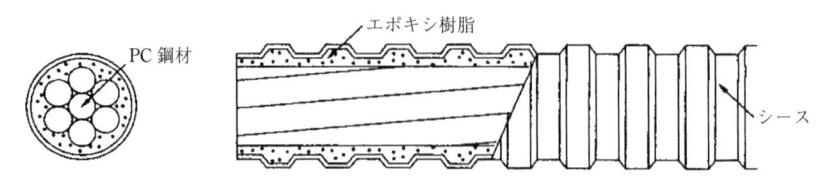

図2 プレグラウトPC鋼材の例[4]

　プレグラウトPC鋼材に使用する樹脂は熱硬化型と湿気硬化型があり，それぞれコンクリートの水分や温度の影響を受けて時間の経過とともに硬化する特性を有しています．熱硬化型は硬化速度がコンクリート温度により大きく左右されますが，湿気硬化型はコンクリート中の水分により硬化するために温度の影響は小さくなります．したがって，プレグラウトPC鋼材を使用する場合には，コンクリートの打設から緊張するまでの間に硬化することがないように，施工時の温度条件や使用時期に応じた適切な樹脂を選択し詳細な計画を立てることが必要になります．

【参考文献】
1) 土木学会：エポキシ樹脂塗装鉄筋を用いる鉄筋コンクリートの設計施工指針［改訂版］，コンクリートライブラリー112, p.74, 2003.11
2) 土木学会：コンクリート標準示方書（平成11年度版）［施工編］, p.13, 2000
3) プレストレストコンクリート技術協会：PC橋の耐久性向上のための設計施工マニュアル, 2000.11
4) 高速道路調査会：PC橋の耐久性向上に関する調査研究, 1995.3

## 25 PC鋼材定着部やシースの防錆について教えて下さい．

　定着部はグラウトや樹脂などの防錆材料で保護する方法や無収縮モルタルで跡埋めする方法があります．シースの防錆方法としてはプラスチックシースが開発され実用化されています．

　PC鋼材定着部の腐食やPC鋼材の腐食は構造物の耐荷性能を著しく低下させ，破壊にもつながります．そのため，PC鋼材定着部やPC鋼材を覆っているシースの防錆は重要となります．

### (1) PC鋼材定着部の防錆

　図1に示すように，定着部の保護方法は大きく分けて2種類の方法が用いられています．内ケーブルの場合に採用されるように，コンクリート断面に箱抜き部を設けプレストレス導入後に無収縮モルタルやコンクリートを打設し跡埋めをする方法と，外ケーブル方式の場合に採用される防錆キャップに防錆材を注入する方法が多く用いられています．

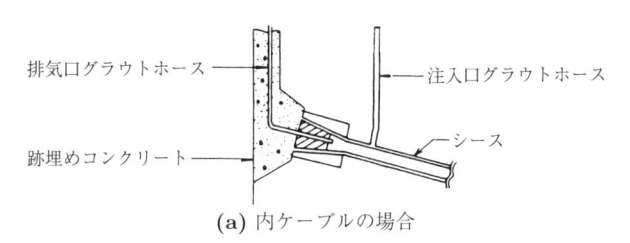

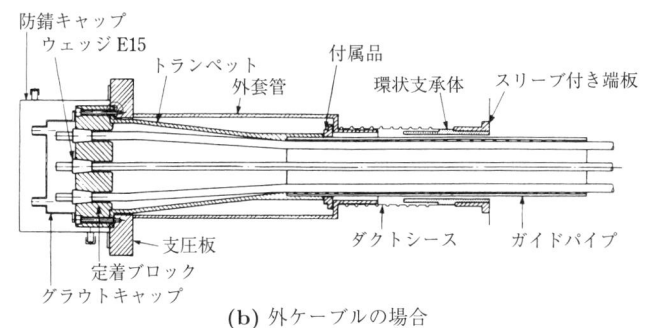

(a) 内ケーブルの場合

(b) 外ケーブルの場合

図1　定着体の保護例 [1),2)]

### (2) シースの防錆

塩化物の浸透によりPC鋼材の防錆目的で図2に示すポリエチレン製のプラスチックシースを使用する例があります．プラスチックシースは，従来の鋼製シースと同様にコンクリートやグラウトとの付着確保，取扱い中の変形に対する抵抗性の向上のために波付けを行っています．また，酸やアルカリに対する化学抵抗性もあり，防水性や耐衝撃性に優れています．

ブロック桁やセグメント工法では，鋼製シースと同様にプラスチックシースも接合が必要となるために，図3に示すような接続方法が開発されています．

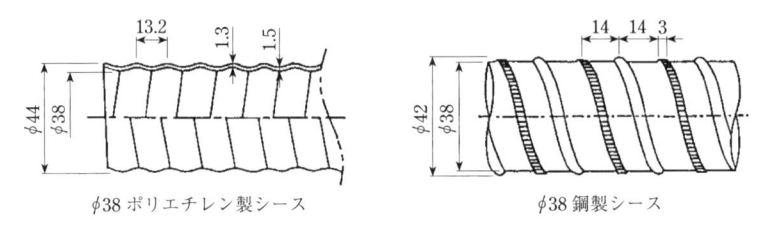

**図2 プラスチックシースと鋼製シース[3]**

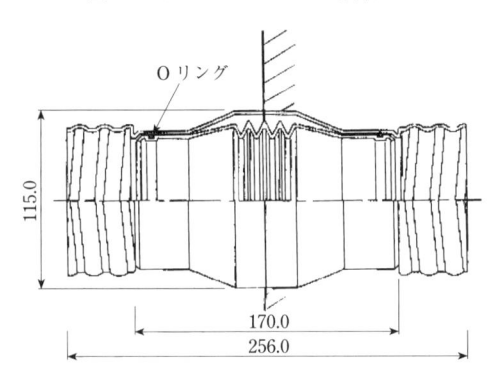

**図3 プレキャスト部材の接合部[4]**

【参考文献】
1) プレストレスト・コンクリート建設業協会：PCグラウト施工マニュアル，2002.10
2) 極東鋼弦コンクリート振興(株)：FKKフレシネー工法 施工基準，2002
3) プレストレスト・コンクリート建設業協会：ポリエチレン製シースの品質・設計・施工マニュアル(案)，1995.9
4) プレストレスト・コンクリート建設業協会：ポリエチレン製シース実用化試験報告書，1995.9

## 26 錆びない補強材はありますか．

> 錆びない補強材料として連続繊維補強材があります．

錆びないコンクリート補強材料の代表として，連続繊維補強材があります．連続繊維補強材は連続繊維と結合材で構成されています．連続繊維には，炭素繊維，アラミド繊維，ガラス繊維などがあり，結合材としてエポキシ樹脂やビニルエステル樹脂などがあります．現在，市販されている連続繊維補強材の材料特性を表1に示します．

表1 連続繊維補強材の特性比較例 [1]

|  | 炭素<br>(CFRP) | アラミド<br>(AFRP) | ガラス<br>(GFRP) | PC鋼より線 | 鉄 筋 |
|---|---|---|---|---|---|
| 比 重（—） | 1.5 | 1.3 | 1.7〜1.9 | 7.85 | 7.85 |
| 引張強度（N/mm$^2$） | 1900〜2300 | 1400〜1800 | 600〜900 | 1700〜1900 | 490 |
| ヤング係数（kN/mm$^2$） | 130〜420 | 50〜70 | 30 | 200 | 210 |
| 伸 び（%） | 0.6〜1.9 | 2〜4 | 2 | 6 | 10 |
| リラクセーション（%） | 1.5〜3 | 5〜15 | 10 | 1〜2 | — |
| 線膨張係数（10$^{-6}$/°C） | 0.6 | −2〜−5 | 9 | 12 | 12 |
| 耐 食 性（—） | ○ | ○ | ○ | × | × |

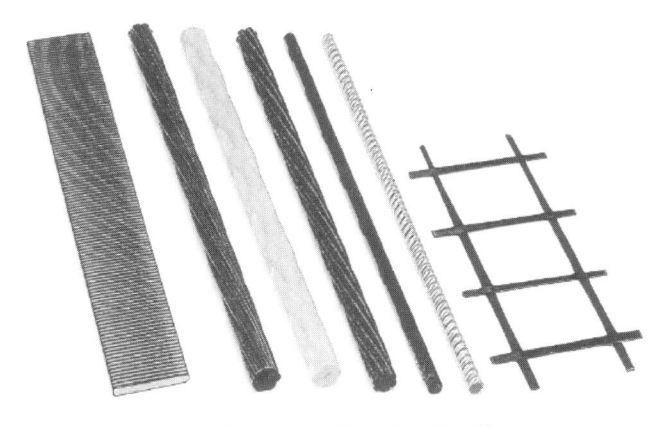

写真1 連続繊維補強材の種類 [1]

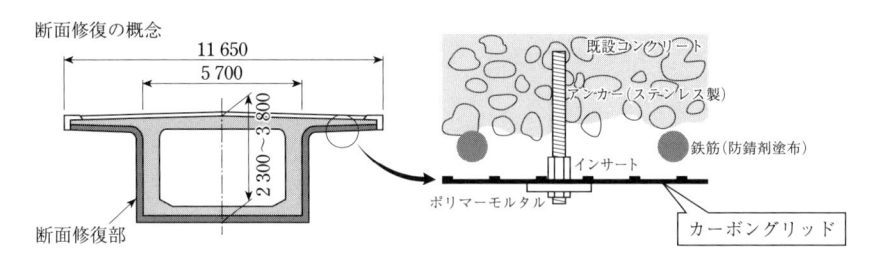

**図1** 連続繊維補強材の適用事例 [1]

　連続繊維補強材はPC鋼材と同程度の引張強度を有しており，強度，弾性率を重量で除した比強度，比弾性率が優れた材料で，写真1に示すように棒状(ロッド)，組紐状，より線状(ストランド)あるいは格子状などに成形できます．

　図1は塩害による断面修復に格子状FRPを使用した例です．構造物は，日本海の海岸線上に位置し，飛来塩分が原因で鋼材腐食による損傷を受けていました．主桁全面の塩化物を含んだコンクリートをはつり取り，腐食した鉄筋の代替と，かぶり不足による鋼材腐食を避ける目的で，カーボングリッドを設置し，断面修復しました．

　連続繊維補強材は極めて耐久性の高い材料なので，過酷な塩害環境下に建設されるコンクリート構造物へ適用することは，LCCの面で大変有効と考えられます [2]．

【参考文献】
1) ACC倶楽部：新素材施工実績集，Vol.2，2002.1
2) ACC倶楽部：ライフサイクルコスト適用検討研究会報告書，2002.6

## 27 錆びた鉄筋を構造物の建設に使用したり，断面修復時に鉄筋を除錆せず補修してもよいのですか．

　新設構造物や構造物の補修に錆びた鉄筋を使用することは，基本的には望ましくありません．使用が避けられないときは，錆の程度と機械的性質やコンクリート中の進行速度を把握して使用の良否を判断することが必要です．

　錆びた鉄筋を用いてコンクリート構造物を建設したり，断面修復時に鉄筋を除錆せずに，または，除錆後，再度，鉄筋が腐食したまま補修したりすることが可能か否かに関しては，以下の点を検討する必要があると考えられます．
1) 錆びた鉄筋は，コンクリート中で錆び続けるのか．
2) 錆びた鉄筋は，機械的性質が規格値を満足するのか．

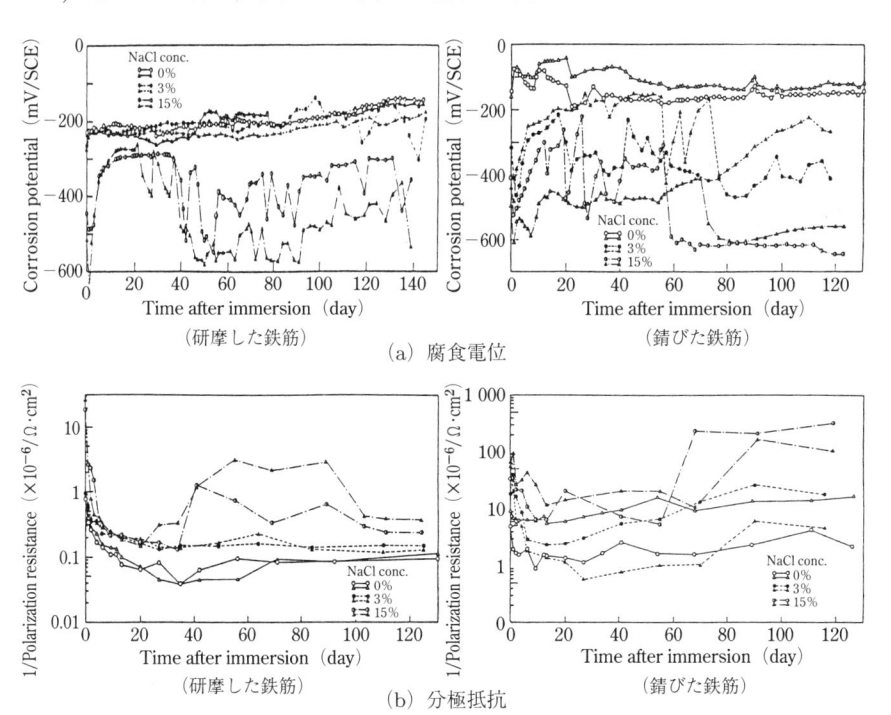

図1　健全な鉄筋と錆びた鉄筋の自然電位と分極抵抗の測定結果[1]

図1に，健全な鉄筋と錆びた鉄筋をモルタルに埋設し，塩化物を含んだ水溶液に浸漬して，自然電位と分極抵抗を測定した結果を示します[1]．

NaCl=0％の塩化物を含まない環境では，錆びた鉄筋の腐食電位は安定しており，健全な鉄筋と同様に不動態が形成されている傾向を示していますが，縦軸の分極抵抗の逆数は，錆びた鉄筋が健全な鉄筋よりも大きく，腐食速度が大きい傾向を示しています．錆の程度に依存すると考えられますが，錆びた鉄筋を使用した場合でも，不動態皮膜が破壊された箇所では，不動態皮膜が修復されているように見えます．だだしこれは，健全な鉄筋に生じるそれとは相違すると考えられます．

したがって，塩化物が浸透しない場合には問題は生じないと考えられますが，浸透するような場合，健全な鉄筋を使用する場合と比較して劣化速度は速くなるものと考えられます．ですから，新設構造物を建設する場合には，塩化物が浸透しない条件のもとでは錆のある鉄筋を使用しても問題はないと考えられますが，この場合，錆の程度を明確にする必要があると考えます．

一方，塩害劣化した構造物の補修時には，劣化したコンクリートをはつり取り，鉄筋を除錆することが通常です．これは，鉄筋の有効断面積を把握し，腐食の再進行を抑制することを目的としたものです．補修の場合には，軽微な錆は新設構造物と同様に，除錆せずに補修しても問題はないものと考えられます．しかし，塩化物イオンが浸入すれば鉄筋腐食が容易に進行するため，基本的に除錆することが必要と考えられます．さらに，断面修復中に，再度，鉄筋が腐食する場合がありますが，これは水分や塩化物の飛来によるもので，このまま補修することは塩化物等をコンクリート中に封じ込めることにつながります．したがって，補修する場合，除錆，洗浄が必要となります．

では，鉄筋の機械的性質と腐食の関係はどうでしょうか．図2に鉄筋の腐食重量減と鉄筋の降伏強度，ヤング係数および付着強度との関係を検討した事例を示します．これによると，明らかに鉄筋腐食により鋼材の機械的性質が低下するとともに，コンクリートとの付着強度も低下していることが明らかです．ただし，腐食が孔食の場合，腐食重量減はそれほど大きくなりませんが，機械的性質は大きく影響することが考えられます．したがって，一概に腐食重量減が小さいからといって，機械的性質が低下していないとはいいにくく，注意が必要と考えられます．

(a) 降伏強度

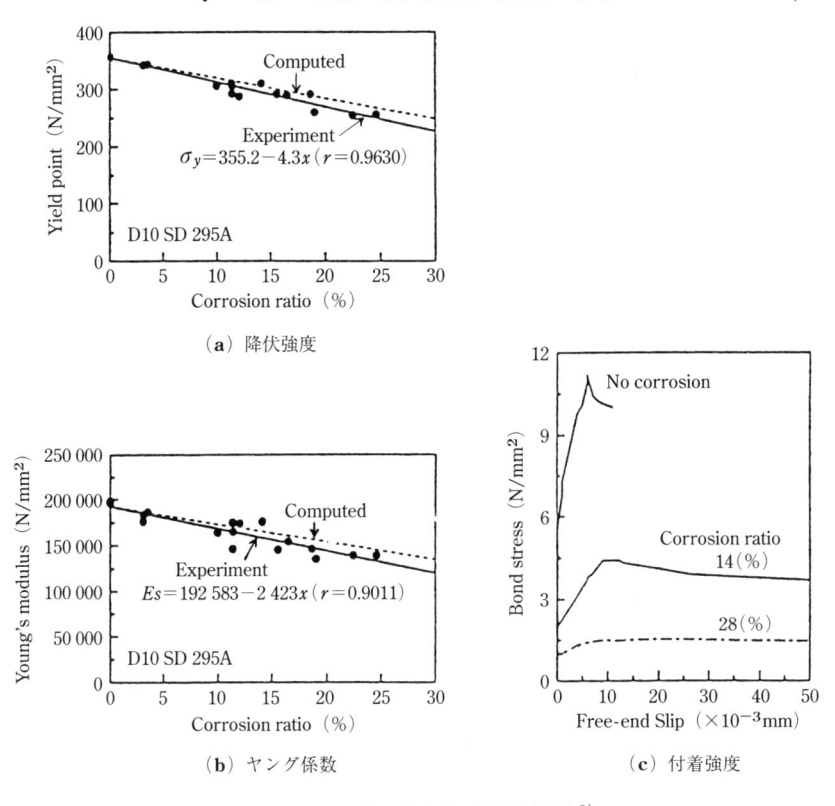

(b) ヤング係数

(c) 付着強度

図2 鉄筋の腐食量と機械的性質[2]

　基本的には新設構造物や構造物の補修に錆びた鉄筋を使用することは，望ましくありません．しかし，錆といっても程度の問題と考えられ，錆の程度と機械的性質やコンクリート中の進行速度を把握する必要があると思われます．

【参考文献】
1) 米澤 敏男ほか：コンクリート中に埋設された錆びた鉄筋の塩素イオンによる腐食の特性，第5回防錆防食技術発表大会，No.107，1985
2) 土木学会：鉄筋腐食・防食および補修に関する研究の現状と今後の動向，p.81，1997

## 28 橋の形状や種類によって塩害による損傷程度が変わるのですか．

　PCやRCなどの構造種類や主桁の断面形状によって損傷の程度は変わると考えられます．

　これまでに支間や架設方法が相違する多くの形式のコンクリート橋が建設されてきましたが，塩害環境下では，様々な大きさの損傷事例が報告されています．これらの橋梁は架設場所が異なるために環境は一様でなく，事例から損傷程度を定量的に評価することは難しいため，橋の形状や種類と，複雑に飛来する塩化物の影響とを分離し，耐久性能を以下のように考えることができます．

### (1) PC構造とRC構造

　ひび割れは塩化物イオン，水や酸素などの劣化因子の浸入経路となり，塩害に対して大きな影響を与えます．一般に，RC構造は環境条件に応じてひび割れ幅を制御しますが，PC構造は許容しません．さらに，PC構造ではRC構造と比べて，水セメント比の小さなコンクリートを使用し，塩化物イオンが拡散しにくいため，より耐久性に優れているといえるでしょう．環境が厳しい場合には，PC構造であっても塩害による劣化事例が報告されており，なんらかの対策を施すことが望まれます．

### (2) プレキャストコンクリートと場所打ちコンクリート

　場所打ちコンクリートと比較してプレキャストコンクリートは，コンクリートの製造，打設，養生を専用のサイトで行うため，コンクリートの管理が容易であり，コンクリート運搬によるスランプ変動の影響も小さく，均質で密実なコンクリートとなることから，高品質なコンクリートであると考えられます．プレキャストPC部材は，工場設備を効率的に稼動させるため，早期にコンクリートの圧縮強度や付着強度を発現させる必要があり，一般に高強度コンクリートが用いられ，水セメント比が小さくなり結果的に耐久性に優れていると考えられます．

### (3) 構造と主桁の断面形状の違いによる塩分の付着量 [1]

　海からの塩分の構造物への付着は，**Q7** で解説した海水滴が直接，あるい

は粒子径の小さい海塩粒子が飛来することによると考えられます．

図1および図2は，海塩粒子の径を10μm，飛来させた海塩粒子の数を10 000個とし，それの付着の様子をシミュレーションした結果を示したものです*．図1は，海塩粒子のT桁への付着の様子をシミュレーションした結果であり，その粒子の軌跡を表しています．海塩粒子は風に乗って運ばれ，ウェブの海側だけでなく陸側にも付着することがわかります．

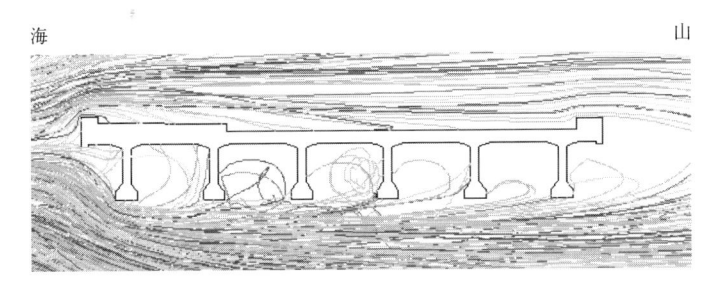

図1 T桁への海塩粒子飛来のシミュレーション[1)]

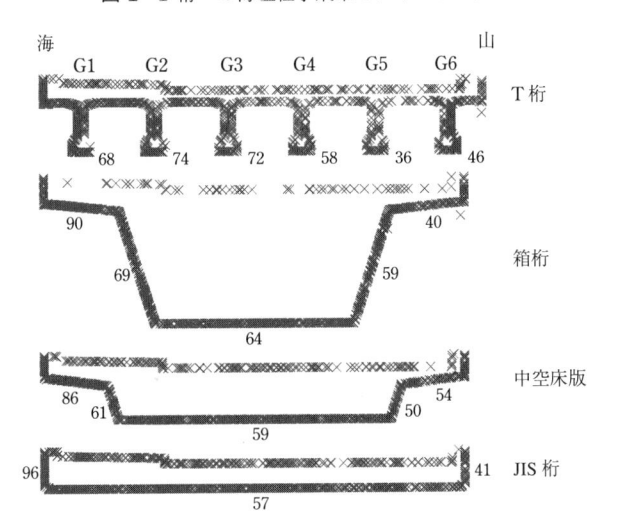

図2 構造形式の異なる桁への海塩粒子付着[1)]

また，図2はT桁，箱桁，中空床版およびJIS桁橋の各部位に付着した海塩粒子の数を示したものです．図中の数値は，各部位における単位長さ当た

---

* 図1，図2，および次頁の図3は，巻頭の口絵❺に掲載したカラーの図を参照してください．

りの海塩粒子の付着数を示します．例えば，T桁のG1の「68」は，下フランジに付着した海塩粒子の数を下フランジ幅1m当りに換算した値を表します．

T桁の下フランジでは，海側の耳桁G1よりも陸側に位置するG2, G3で付着数が多く，また，箱桁や中空床版の海側張出し床版下面，JIS桁の地覆部で付着数が多い傾向にあり，構造物の部位によって付着する塩化物量が違うことがわかります．シミュレーションを行った条件下では，全体的に見れば特に構造形式によって塩化物量には差はありませんが，構造形式の違いにより局部的に損傷が生じやすい部位が生じると考えられます．

**(4) 構造と主桁の断面形状の違いによる塩化物イオンの浸透**

図3に箱桁およびT桁の断面への塩化物イオンの浸透を，いずれもコンクリート表面濃度一定 $(9.0\,\mathrm{kg/m^3})$，拡散係数一定 $(0.57\,\mathrm{cm^2/年})$ として有限要素法を用いて計算した結果を示します．その結果，コンクリート中の塩化物イオン濃度は，いずれの構造形式でも年数の経過とともに高くなります．40年経過後には，箱桁と比較してT桁においては，塩化物イオンが両側から供給されるウェブ部で特に塩化物イオン濃度が高くなり，また塩化物イオンが二面から供給される隅角部の多い下フランジ部で高くなることがわかります．

したがって，構造形式の違いによって面積当たりの塩分の付着量に差がなくとも，比表面積(断面積を周長で除した値)の大きい構造，隅角部の多い構造では塩分の浸透量が多くなると考えられます．

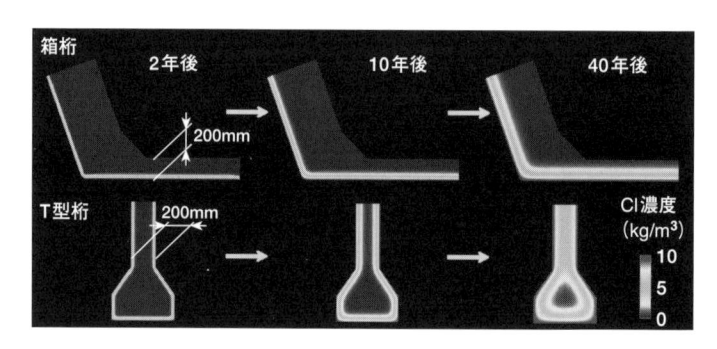

図3 箱桁およびT桁への塩分浸透[1]

【参考文献】
1) 小川 彰一ほか：Lagrange粒子モデルを用いたPC橋への海塩粒子付着のシミレーション，土木学会第57回年次学術講演会論文集，V–533，2002.9

## 29 かぶりやひび割れは塩害劣化とどのような関係があるのですか．

> コンクリート表面にひび割れが発生すると，コンクリート中へ塩化物イオンが拡散しやすくなり，塩害劣化を急速に進行させます．また，かぶりが少ないと塩化物イオンが早期に鋼材位置まで到達し，塩害による損傷を受けます．

　海洋環境下における飛来塩分はコンクリート表面から鋼材位置に拡散し，鋼材位置の塩分量が鋼材腐食限界量を超えると，鋼材の腐食が始まると考えられています．

　かぶりが少ない場合や，コンクリートにひび割れが発生している場合には，鋼材位置に塩化物イオンが早期に到達し，塩害劣化による損傷を受けやすくなります．

　土木学会は，ひび割れを考慮した塩化物イオン拡散に関する検討方法[1]を示しています．設計耐用年数を50年とし，その間に鋼材腐食を生じさせない水セメント比とかぶりの関係を，環境とひび割れの有無を要因として図1に示します．なお，図中のひび割れ幅は許容ひび割れ幅0.0035×(かぶり)としています．

　図より，ひび割れがある場合の方が，ない場合と比較して塩化物イオンの拡散量が大きく，鋼材腐食を生じさせないためには，かぶりを大きくする必要があることがわかります．

【参考文献】
1) 土木学会：コンクリート標準示方書(2002年制定) [施工編], 2002

(a) ひび割れなしの場合

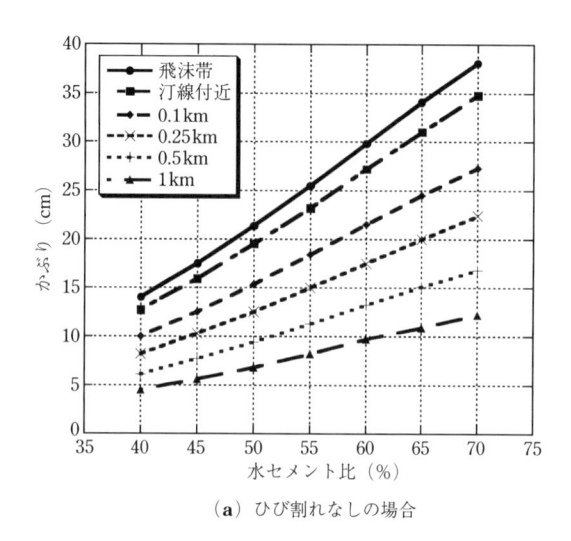

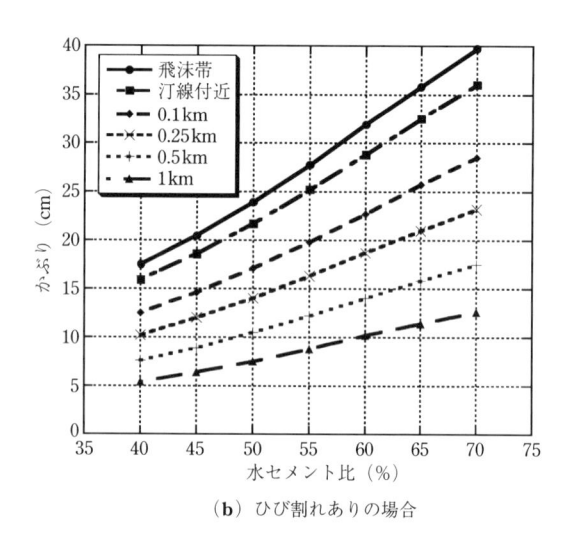

(b) ひび割れありの場合

図1 鋼材腐食を生じさせない水セメント比とかぶりの関係

# 30 コンクリートの耐久性照査とはどのようなことを照査するか教えて下さい．

> ①中性化に関する照査，②塩化物イオンの浸入に伴う鋼材腐食に関する照査，③凍結融解作用に関する照査，④化学的侵食に関する照査，⑤アルカリ骨材反応に関する照査，⑥水密性の照査，⑦耐火性の照査を個別に行い，それらの結果をもとに総合的に耐久性を照査します．

耐久性の照査は，中性化，塩害，凍害，化学的侵食，アルカリ骨材反応に対して，図1に示すように照査すると土木学会で定めています．

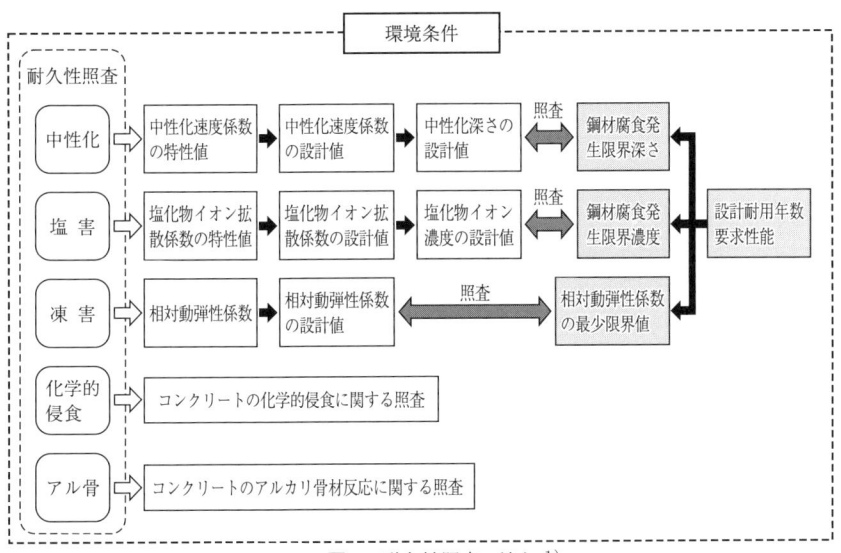

図1 耐久性照査の流れ[1]

飛来する塩分量は，土木学会[1]では，コンクリート表面における塩化物イオン濃度として，海岸からの距離のみで規定されています．しかし，飛来する塩分の付着量は，同じ地域でも建設する場所や，Q28で説明したように構造物の形状により異なることが知られています．また，同じ橋梁でも起点側や終点側，支間中央付近など部位によっても塩化物量の付着量は異なることが多いため，近隣の橋梁調査や現地調査を行い，環境条件を把握することは

重要となります．したがって，耐久性を向上させるためには使用する材料に加えて，環境条件の調査や構造物の形状選定も重要となります．

ここでは，塩化物イオンの拡散に伴う鋼材腐食に関する照査法について簡単に説明します．

**(1) 鋼材腐食に関する限界状態と鋼材腐食発生限界濃度の設定**

コンクリート構造物の耐久性照査は，鋼材腐食により供用期間中に性能を満足していることを照査することを基本としていますが，鋼材腐食と構造物の性能の定量的な関係が明らかとなっていないために，土木学会では供用期間中に鋼材腐食を生じさせないことを限界状態としています．

鋼材腐食が発生する限界濃度は，試験等の結果から $1.2\,\mathrm{kg/m^3}$ としています．

**(2) 塩化物イオン拡散の推定**

設定した構造物係数，見かけの拡散係数，表面塩化物イオン濃度，かぶりから，設計耐用年数時の鋼材位置での塩化物イオン濃度の設計値を算出します．

具体的な推定方法を **Q41** に示しています．

**(3) 照査**

$$(構造物係数) \times \begin{pmatrix} 鋼材位置での塩化物 \\ イオン濃度の設計値 \end{pmatrix} \leq (鋼材腐食限界濃度)$$

となることを照査します．

【参考文献】
1) 土木学会：平成 11 年度版コンクリート標準示方書「施工編」改訂資料

## 31 海洋環境下でのコンクリート打設と養生について，特に注意する点を教えて下さい．

> 海洋環境下でコンクリートを打設する場合は，鉄筋や型枠に付着した塩分がコンクリート中に取り込まれることもあるため，塩分が鉄筋や型枠等に付着しないよう十分注意する必要があります．また，コンクリートに発生する初期の硬化熱や沈下によるひび割れ，コールドジョイントやジャンカ等の欠陥は耐久性を低下させる原因となるため，初期のひび割れを防止するために適切な期間の養生を行う必要があります．

コンクリートの配合決定から養生まで，留意点を簡単に説明します．

(1) 配合決定

コンクリート強度はもちろんですが，設計で仮定している塩化物イオンに対する見かけの拡散係数を満足するように，コンクリートの配合を決めなければなりません．

さらに，施工性を確保することも重要となります．施工性は，コンクリートのスランプに左右されることから，荷卸し以後のポンプ圧送などコンクリート打設までに生じるスランプの変化も考慮して，スランプを決定する必要があります．

このように材料と配合の組合せの中から，コンクリートに要求される性能と施工性の条件を満たす配合を決定することになります．

(2) 製造

配合で決定した品質のコンクリートを安定して製造するためには，セメントや水，骨材等の材料計量やミキサ等の製造設備が所定の性能を有していなければなりません．コンクリートの品質確保は施工者の責任で行うことから，これら製造設備の性能や稼働状況の確認も重要となります．

(3) 運搬

レディーミクストコンクリートを使用する場合，JIS A 5308に規定してあるようにコンクリートの運搬に関しても注意が必要で，プラントから施工現場までの交通状況を把握した綿密な運搬計画を立案し，コンクリートの品質確保に努める必要があります．

### (4) コンクリートの受け入れ検査

コンクリートの受け入れ検査には，荷卸し地点で行うフレッシュコンクリートに関するものと，所定の養生後行う圧縮強度試験があります．前者は，スランプ，空気量および塩化物イオン濃度の検査および圧縮試験用供試体採取があり，各検査の結果が規定値を満足していれば合格と判定されます．

一方後者に関しては，コンクリート打設完了後所定の養生を数日間行ってはじめて判明する検査となるため，それに及ぼす各種変動の要因を少なくする必要があります．

### (5) 打設

コンクリートの打設は開始から終了まで円滑に行わなければなりません．コンクリートの運搬が途切れたり運搬車が長時間待機すると，スランプロスに伴う施工性の低下，ジャンカ等の原因となります．したがって，事前に納入業者と，納入数量，荷卸し場所，運搬経路および時間，納入速度等を打ち合わせ，計画に反映させなければなりません．

また，締固めもコンクリートの耐久性に影響を与えることから，過不足のない締固めを行わなければなりません．土木学会は，内部振動機の必要台数や締固め方法に関する細かい規定を示しています[1]．

### (6) 養生

ひび割れの発生は，コンクリートと外気との温度差が大きい場合，乾燥している場合，コンクリート強度が発現する前に振動を与えた場合などに生じます．また，コンクリート断面が大きい構造物では水和熱による内部温度の上昇および冷却により，温度ひび割れが発生しやすいことにも注意が必要です．

そこで養生は，コンクリートの強度発現，耐久性能などの品質確保，ひび割れなどの初期欠陥の回避，などを目的として行われます[1]．

海洋環境下のコンクリートの初期ひび割れは，一般環境のコンクリートに比べ耐久性能低下に与える影響が大きいため十分な養生を行い，初期ひび割れを防止しなければなりません．

【参考文献】
1) 土木学会：コンクリート標準示方書(2002年制定)[施工編]，2002

# 第5章

# 既設構造物の耐久性向上技術

## 32 塩害を受けたコンクリート構造物の補修・補強工法について教えて下さい．

> 塩害に対する補修・補強工法には①ひび割れ補修，②表面処理，③断面修復，④電気化学的防食工法，⑤FRP接着，⑥外ケーブル補強，⑦巻立て，⑧増厚工法などがあります．

 塩害に限らず，構造物に変状が認められた場合は，調査により変状の原因を特定することが重要となります．劣化程度や劣化状況は，施工状況，環境，構造条件，供用状況などにより多様であり，原因をも含めて適切に評価することが大切です．構造物が建設されている環境を把握するとともに，Q16に示したような調査を行い，結果を整理して劣化度を適切に評価したうえで，補修・補強が必要なときは工法の選定を行います．図1に補修計画の流れの一例を示します．

 補修・補強の選定に際しては，
 (1) 劣化原因に適している
 (2) 構造物に求められる供用年数および補修・補強工法に求められる耐用年数
 (3) 構造物や周辺環境への影響を与えない
 (4) 施工条件，検査方法や品質管理方法
 (5) 維持管理の容易さ

などを配慮して，選定する必要があります．

　塩害に対する補修・補強工法には①ひび割れ補修，②表面処理，③断面修復，④電気化学的防食工法，⑤FRP 接着，⑥外ケーブル補強，⑦巻立て，⑧増厚工法，などが一般的に採用されています．

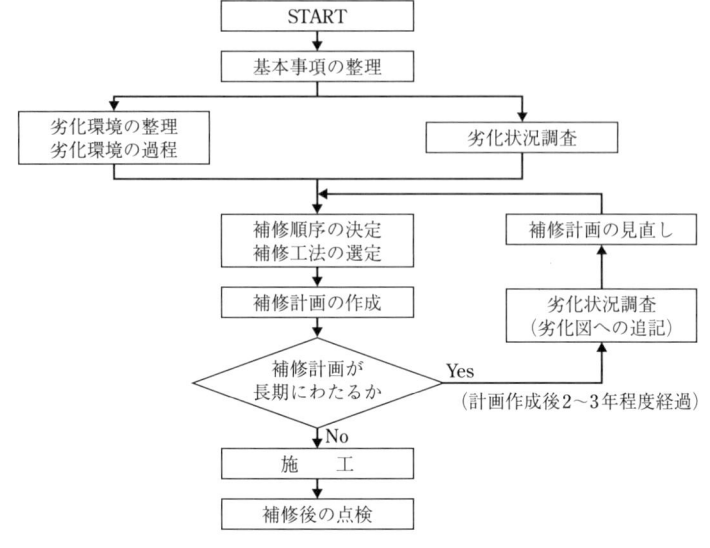

**図1　補修計画の流れの一例 [1]**

**表1　塩害に対する補修工法例 [2]**

| 工法＼目的 | 外部からの塩化物イオンの浸透量低減,浸透速度の抑制 | 塩化物イオンの除去 | 鋼材腐食の抑制 | 耐荷性能の改善 |
|---|---|---|---|---|
| ①ひび割れ補修 | ○(潜伏期・進展期) | | | |
| ②表面処理 | ○(潜伏期・進展期・加速期) | | ○(進展期・加速期) | |
| ③断面修復 | | ○(加速期) | ○(加速期) | ○(劣化期) |
| ④電気化学的防食工法 | | ○脱塩(進展期・加速期) | ○電防(進展期・加速期) | |
| ⑤FRP 接着工法 | | | | ○(劣化期) |
| ⑥外ケーブル補強 | | | | ○(劣化期) |
| ⑦巻立て工法 | | | | ○(劣化期) |
| ⑧増厚工法 | | | | ○(劣化期) |

目的別の補修・補強選定事例を表1に示します．この表に示すように，使用目的が同じであっても構造物の劣化度が相違した場合には，補修・補強工法は異なります．

　また，補修・補強目的と劣化過程に合った工法を選択しないと期待する効果が得られない場合があるため，工法の選定には調査結果を十分反映させる必要があります．

【参考文献】
1) 東京港埠頭公社：大井埠頭桟橋劣化調査・補修—マニュアル (案)—, 2000.3
2) 日本コンクリート工学協会：複合劣化コンクリート構造物の評価と維持管理計画研究委員会報告書, 2001.5

# 33 ひび割れ補修について教えて下さい．

> コンクリート構造物に生じたひび割れに，樹脂系またはセメント系の材料を注入する方法などがあります．

塩害に対するひび割れ補修は，水分や炭酸ガス，塩分などの劣化因子を遮断してコンクリートや鋼材を腐食から守る目的で実施します．補修を必要とするひび割れ幅を一律に決定することは難しく，現在では，詳細な調査を実施し，発生原因，鋼材の腐食状況や環境条件を把握して，ひび割れ補修の必要性，工法の種類を決定します．ひび割れ注入工法の施工手順は，図1に示すように，コンクリートの表面処理を行った後に，注入パイプを取り付け，残りのひび割れ部はシールし，注入します．

注入する材料は，樹脂系とセメント系材料があります．樹脂系の材料としては，エポキシ樹脂系の実績が多くありますが，湿潤箇所への適用は困難です．一方，セメント系材料の場合，湿潤箇所への適用は可能ですが，微細なひび割れの適用は困難です．

樹脂系，セメント系ともに注入方法として手動式，機械式および低圧注入方式があります．図2および写真1に，樹脂系材料を用い

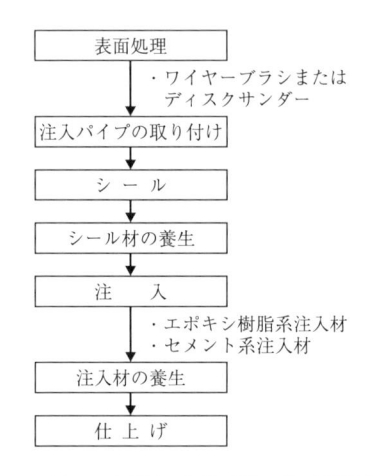

図1 ひび割れ注入工法の施工手順[1]

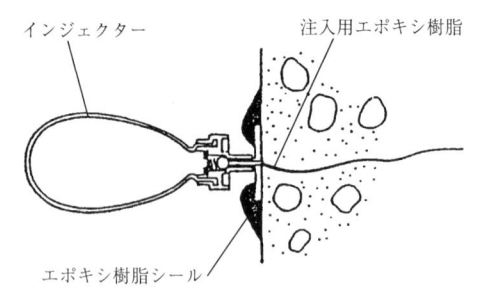

図2 ひび割れ補修の概要[1]

**写真 1** ひび割れ補修の施工例

た低圧注入方式によるひび割れ補修の概要図および施工例を示します．樹脂を注入する箇所以外は樹脂がもれないようシールを施しています．

【参考文献】
1) 沿岸開発技術研究センター：沿岸開発技術ライブラリー，No.6，1999.6

## 34 コンクリート表面被覆について教えて下さい．

コンクリート表面に被覆材による保護層を設け，外部からの雨水や塩化物イオンなどの劣化因子の浸入を遮断し，コンクリートや鋼材の劣化を抑制する方法です．

　従来，コンクリートは耐久性に優れた材料として土木構造物では表面被覆は行われてきませんでした．建築コンクリートの多くは美観面からタイルなどで表面を被覆しますが，自然な色合いや質感が好まれ，打ち放しコンクリートとして表面保護を行わない場合もあります．しかし，降雨などによりコンクリート表面に水が流れることで汚れや変色が生じ，美観・景観面で問題視されるようになり，コンクリート表面を被覆する場合が増えてきました．また，近年，中性化や塩害，アルカリ骨材反応，凍害などによる劣化に対しても，水や塩化物イオン，二酸化炭素などの浸入を外部環境から遮断することが有効であると認識され始めました．既設構造物の表面被覆は，劣化した部分の除去・断面修復後に実施され，その後の性能維持と劣化抑制を目的としています．新設構造物では，厳しい環境下では将来予想される劣化に対してあらかじめ対策を講じる予防保全としても実施されています．表面被覆は外部環境から劣化因子が浸入することを防止することを目的としており，コンクリート内部で劣化が進行している段階で表面被覆対策を講じても，その効果は小さく，内部に劣化因子を閉じこめることによる悪影響も指摘されています．

　表面被覆材を材料面から大別すると，無機系と有機系とに分類することができます．ただし，無機系にはポリマーセメントモルタルなどポリマーが含有されており，無機系材料のみで使用されることはありません．ポリマーセメントモルタルは，無機系材料を薄塗りした場合に問題となる硬化時の収縮やその後の乾燥収縮などによるひび割れを抑制する目的で使用されています．有機系には様々な樹脂が使用されています．代表的な樹脂はエポキシ樹脂です．エポキシ樹脂はコンクリートとの付着性に優れた性質を有しています．しかし，有機系材料のほとんどは無機系に比べて日照などにより劣化するた

め，保護層としてウレタン樹脂やフッ素樹脂などによる表面仕上げ層を設けるのが通常です．

表面被覆材の機能面では，被覆材をコンクリート表面に塗布する塗装工法，パネルなどで表面を被覆するパネル取付け工法，型枠材として使用して供用後も保護層の役割をする埋設型枠工法などに分けることができます．また，塗装工法では，コンクリート表面に塗膜層を設けて遮水する材料や，コンクリート表面に含浸して緻密な保護層を形成する材料があります．

```
                既存塗装面（下地）
                下地（エポキシ樹脂プライマー 0.15kg/m²）
                下地（無溶剤系エポキシパテ 0.5kg/m²）
                     （既存下地の除去部は 1.0kg/m²）
                中塗り（柔軟型エポキシ樹脂 0.35kg/m²）
                中塗り（柔軟型エポキシ樹脂 0.35kg/m²）
                上塗り（柔軟型ポリウレタン樹脂 0.15kg/m²）
   コンクリート面  上塗り（柔軟型ポリウレタン樹脂 0.15kg/m²）
```

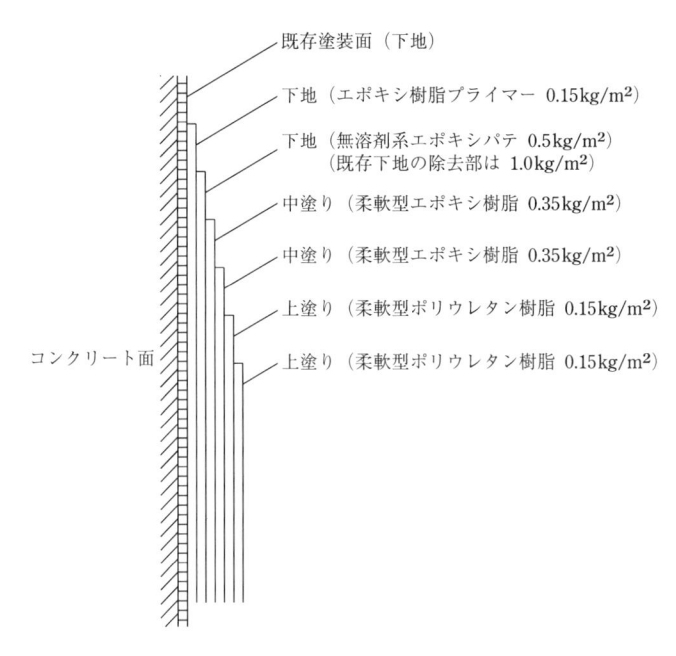

図 1　表面塗装の例

表面塗装工を例に挙げて図1に作業工程を説明します．既設構造物で劣化が生じている場合には，断面修復工や防錆処理工，ひび割れ注入工などをあらかじめ実施します．塗装材とコンクリートとの付着を高めるため，コンクリート表面の付着物や劣化層などを除去する下地調整を行います．コンクリート表面強化と塗装材との付着を向上させるプライマーを塗布し，パテでコンクリート表面の凹凸や空隙を埋め平滑な表面を形成します．中塗りは外部から腐食性物質を遮断するための層で，刷毛やローラーにより1～3層に分けて塗

**写真 1　塗膜厚調査状況**

装します．環境の厳しさやひび割れ追従性などにより，膜厚や硬質・軟質材料が使い分けられています．上塗り材は，景観・美観の維持や腐食物質遮断層の保護を目的として塗装されています．塗装の膜厚は 0.2～0.4 mm と極めて薄いものですが，外的要因を遮断するには，この程度の厚さで十分と考えられています．また，施工時には，写真 1 に示すように塗膜厚などの管理が必要となります．所定の性能を発揮させるために，施工に際して，温度，湿度などの気象条件に注意を払う必要があります．塗装も経年劣化するため，定期的に外観調査を行い，塗装面の劣化の有無を調査する必要があり，劣化状況に応じて塗膜の付着試験などを行う場合もあります．

# 35 断面修復について教えて下さい．

> 断面修復は塩害などにより，剥落やひび割れ発生より劣化した部位をはつり落とした後，欠損したコンクリート断面を断面修復材によって元の形状に戻す方法です．

図1に断面修復工法の施工手順を示します．浮きや剥離，ジャンカ，豆板などの劣化したコンクリートをはつり取り，下地処理を行います．その後，断面修復の各種施工方法によって施工手順は相違します．施工方法は，小欠損部に適用する左官工法，大欠損部に適用する吹付け工法，はつり部に木製型枠や永久型枠を設けモルタルやコンクリートを注入する工法があります．図2に断面修復工法の概要を示します．

使用材料の選定に際して，収縮等によるひび割れや既設構造物との付着力など考慮する必要があります．写真1に示すように，未補修部に塩分が残存

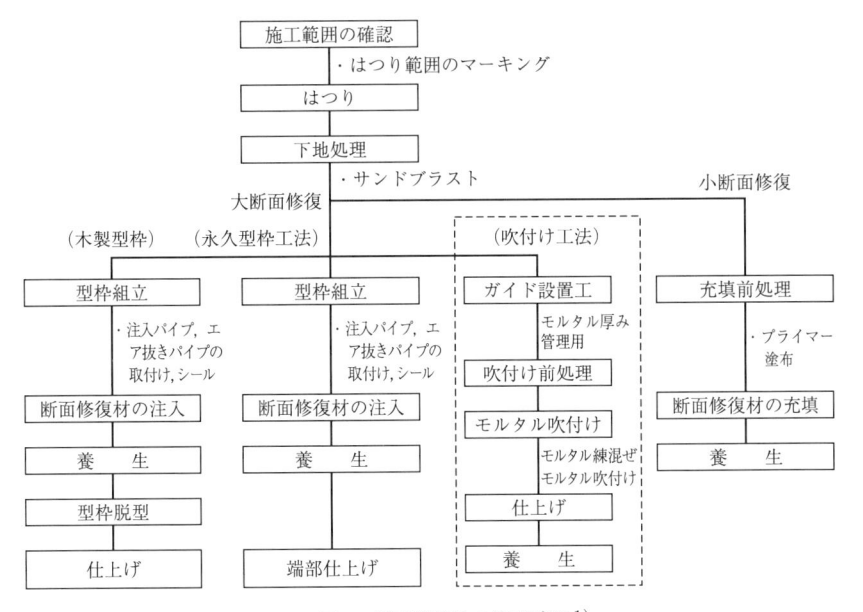

**図1** 断面修復材の施工手順[1]

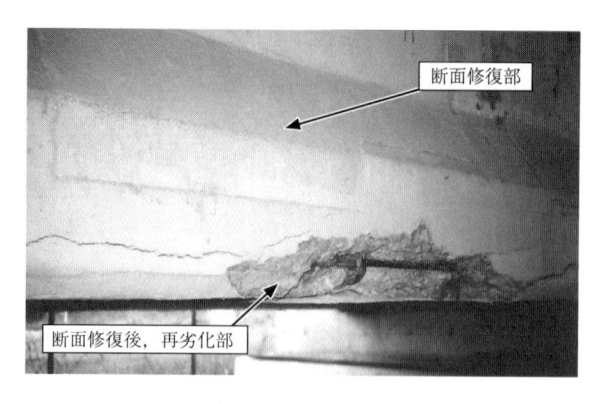

写真1 断面修復，再劣化例

している場合は，既設コンクリートと補修部の電位差によりマクロセルが形成され，再劣化した例が報告されています[2]．このような場合は，電気化学的方法との併用も検討する必要があります．

PC橋はコンクリートの全断面を有効として構造計算を行っている場合が多く，コンクリートを大きくはつり取ることにより部材の耐荷力に影響を与えることも考慮しなければなりません．構造物を供用しながら，断面修復を行

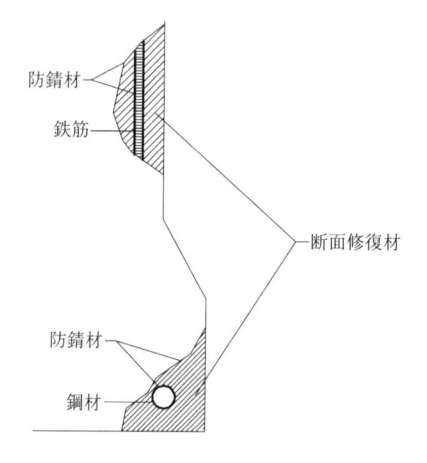

図2 断面修復工法の概要図

う場合は安全性の照査などを行い，照査結果によっては仮支柱を設けるなどの断面力の低減措置も必要となります．また，部材断面が小さく構造上はつりができない場合もあります．広い面積をはつり取る場合は，既設構造物に与える悪影響の少ない高圧水を用いたウォータージェット工法を使用した例もあります．

【参考文献】
1) 沿岸開発技術研究センター：港湾構造物の維持・補修マニュアル(改訂版)，1997
2) 日本コンクリート工学協会：コンクリートのひび割れ調査，補修・補強指針―2003―

# 36 連続繊維シートを用いたコンクリート構造物の補強方法について教えて下さい．

> 連続繊維シートを接着する工法は，含浸接着樹脂を用いてコンクリートに接着し，コンクリートと連続繊維材が結合した複合体として補強効果を発揮します．

連続繊維シートを接着する工法を，図1および写真1に示します．これは，活荷重などによる発生応力の一部を負担し，ひび割れの進行を抑制します．さらに，コンクリート中への塩化物の浸入を防ぐ効果が期待できます．

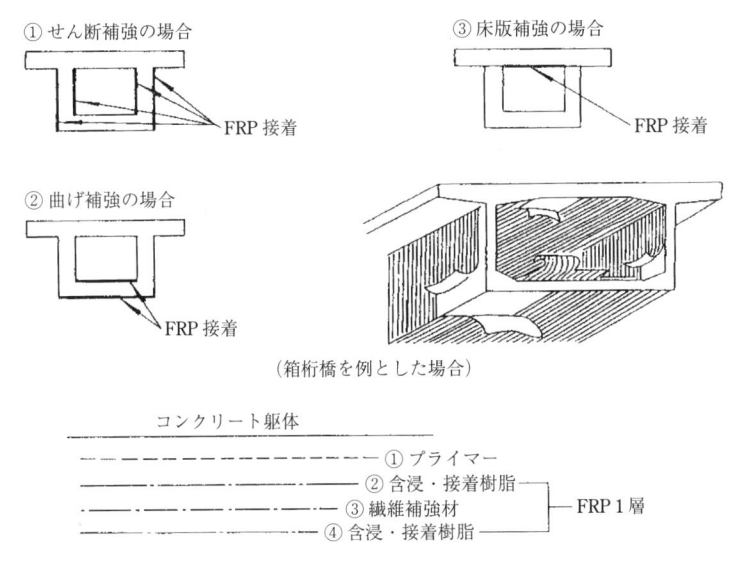

① せん断補強の場合 → FRP接着

③ 床版補強の場合 → FRP接着

② 曲げ補強の場合 → FRP接着

（箱桁橋を例とした場合）

コンクリート躯体
① プライマー
② 含浸・接着樹脂
③ 繊維補強材
④ 含浸・接着樹脂
FRP 1層

**図1** 連続繊維シートを接着する工法の概念図 [1)]

使用する連続繊維として，炭素繊維，アラミド繊維などがあります．

本工法は，軽量であるため狭い場所および複雑な構造物に対して施工性に優れている特徴を有しています[2)]．ただし，施工中には浮き，はがれ，たるみ，しわなどを防ぐ注意が必要であり，また，含浸樹脂の品質管理が重要となります．

**写真 1** 箱桁橋の施工事例

【参考文献】
1) プレストレストコンクリート技術協会：PC 橋の耐久性向上のための設計施工マニュアル，2000.11
2) 土木学会：連続繊維シートを用いたコンクリート構造物の補修補強指針，2000.7

# 37 代表的な電気化学的補修の方法について教えて下さい．

> 電気化学的補修の方法には電気防食工法，脱塩工法，再アルカリ化工法，電着工法があります．

電気化学的補修の方法には電気防食工法，脱塩工法，再アルカリ化工法，電着工法があります．ここでは，代表的な例として，コンクリート構造物で実績がある電気防食工法，脱塩工法について簡単に説明します．

## (1) 電気防食工法

電気防食工法は，塩害が原因でコンクリート中の鋼材が腐食しているか，今後，腐食すると予想される場合の防食方法として適用されます．

電気防食工法には，防食電流の供給方法により大きく2つに分かれます．外部に電極を設け，強制的に防食電流を流し続ける外部電源方式と，内部鋼材よりイオン化傾向の大きい亜鉛などを陽極材として鋼材と導通させ，電池作用により防食電流を確保する流電陽極方式があります．

図1に示すように[1]，鋼材の電位を外部電流によって強制的に変化させ，腐食の生じない電位まで移行させるのが，電気防食の基本です．通電する防食電流密度はコンクリートの単位表面積当たり10〜30mA程度

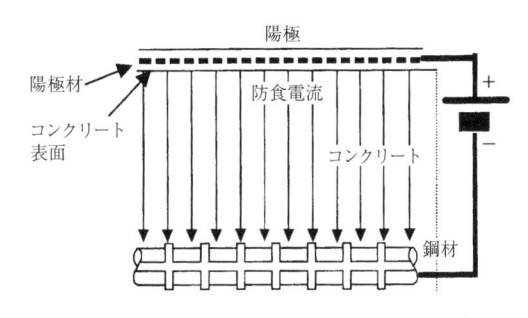

図1 電気防食の原理 (外部電源方式)[1]

写真1 PC構造物への適用例

で十分です．

写真1はPC構造物に電気防食工法を適用した事例です．電気防食の開発当初は，PC鋼材の水素脆化の危険性や，照合電極の耐久性の課題が指摘されていましたが，研究・開発が進みこれらは解決されています．

また，予防保全の観点から，構造物のライフサイクルコストを考慮し，新設の橋梁に用いられた例もあります．ただし，本工法を適用した場合，ナトリウムイオンやカリウムイオンのアルカリイオンが鋼材付近に集積されるため，コンクリートにアルカリ骨材反応が認められる場合は注意が必要です．

### (2) 脱塩工法

脱塩工法は，図2，写真2に示すように，コンクリート表面に設置した仮設外部電極とコンクリート中の鋼材との間に，コンクリートの単位表面積当たり1A程度の電流を8週間程度通電し，コンクリート中の塩化物イオンをコンクリート外へとり出す工法です．本工法はコンクリート中に浸透した塩化物イオンすべて除去するものではありません．

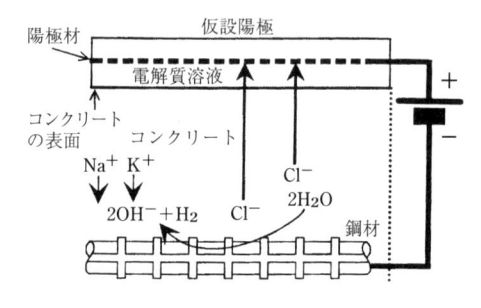

図2 脱塩工法の概念図[1]

電気防食工法と同様に，アルカリ骨材反応が認められる場合は注意が必要です．また，電気防食工法に比べ電流量が多いため，PC鋼材の水素脆化への配慮が必要となります．

写真2 脱塩工法の施工例

すでに多量の塩化物イオンがコンクリート中深くに拡散している場合には，その塩化物イオンを完全に除去することは不可能で，鋼材腐食の抑制効果は

小さくなります．また，脱塩を行った後，飛来塩分によるコンクリート中への塩化物イオンの浸透がある場合は，表面塗装などを行って浸透を遮断するなどの対策が必要となります[1]．

【参考文献】
1) 土木学会：電気化学的防食工法設計施工指針 (案)，コンクリートライブラリー 107, 2001.11

## 38 補修することで，構造物は建設当初と同じ，あるいはそれ以上の遮塩性能を付与させることができるのですか．また，補修した後に再劣化することがあるのですか．

> コンクリートの表面処理や断面修復を行うことで遮塩性を回復，向上させることは可能です．ただし，塩化物イオンの除去不足やマクロセル腐食によって補修後に再劣化することがあります．

構造物がもつ性能は耐荷性能や塩化物イオン等の遮塩性など様々な性能があります．これらの性能は徐々に低下するものや，ある一定の条件になると急激に低下するものなど様々です．これら総合的な構造物の性能は徐々に低下すると考えられますが，現時点では総合的な機能の低下を定量的に論じることは難しいと考えます．

図1に，電気防食工法と(断面修復工法)+(表面塗装工法)を適用した場合の，防食効果の経時変化の概念図を示します．塩化物の浸透に伴いコンクリートの防食効果は徐々に低下します．補修を行った後，(断面修復工法)+(表面塗装工法)の防食効果は向上しますが，残留した塩化物が存在することもあり，防食効果は建設当初よりは低くなります．表面塗装工法の塩化物イオン遮塩性能は優れていますが，経年劣化などにより遮塩性能は低下します．これに伴い防食効果は低下していきます．一方，電気防食工法は，電気を供給している間，防食効果が期待できるために図に示すように防食効果が建設当初とほぼ同じ程度となります．

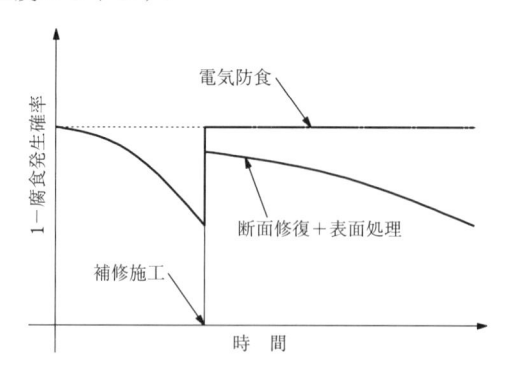

図1 防食効果の経時変化の概念図

補修工法の選定が適切でない場合や，劣化因子の除去が不十分な場合は，早期再劣化することがあります．**Q35** の写真 1 で示したように，塩害により鋼材が腐食し劣化した道路橋で，断面修復と表面被覆により補修した後，5〜6 年でかぶりコンクリートのひび割れや剥離が生じ，再劣化し始めた事例です．この原因として，補修部と既設コンクリートとのマクロセル腐食が考えられます．

　補修工法の選定や補修工事が適切でないと，補修後比較的早い時期に再補修が必要とされる例が報告されています．適切な補修方法の選定を行うためには，補修工法や材料の性能評価，および環境条件に応じた品質規格の設定が重要となります．とはいえ，補修が一般的に実施されるようになってからの期間は短く，その耐久性に関する評価を得るには，長期間を要します．したがって，補修後の維持管理は重要です．

# 第6章

# 維持管理技術

## 39 構造物を延命させるための手法について教えて下さい．

> コンクリート構造物の寿命を延ばすためには，まず構造物の寿命を短くする要因が何であるかを把握し，計画的な維持管理を行うことが重要です．

　コンクリート構造物は鋼材とコンクリートからなる複合構造物で，その両者が健全である間は寿命も低下することはありません．しかし，Q02，Q04 で説明したように，塩害，中性化，アルカリ骨材反応，化学的腐食，凍結融解，機械的作用によるすりへりなど，時間の経過や繰返し作用によりコンクリートまたは鋼材が劣化します．特に，海岸付近のコンクリート構造物のように，飛来塩分または波しぶきによる海水の影響を直接受ける場合は，コンクリート中に塩分が浸透し，その結果，鋼材が腐食する塩害が見られることがあります．

　このような塩害による劣化を防止するために，新設のコンクリート構造物に対しては様々な塩害対策があり[1]，それらの中から適切な方法を選び構造物を建設することが，劣化を防止し，さらには寿命を延ばすための基本となっています．

　しかし，過去にはコンクリート構造物の劣化に対する認識があまりなく，また劣化が顕著化するには時間がかかることもあって，これまでに建設された

コンクリート構造物の中には寿命を短くしているものがあることも事実です．

図1に劣化を生じたコンクリート構造物と補修の概念図を示しますが，通常のコンクリート構造物に比べると，早期に劣化を生じたコンクリート構造物の性能は大きく低下し，補修により延命をはかることになります．しかし，そのたびに発生する莫大な補修・補強費のために，これを管理する機関は資金計画に重大な影響を及ぼすこととなります．

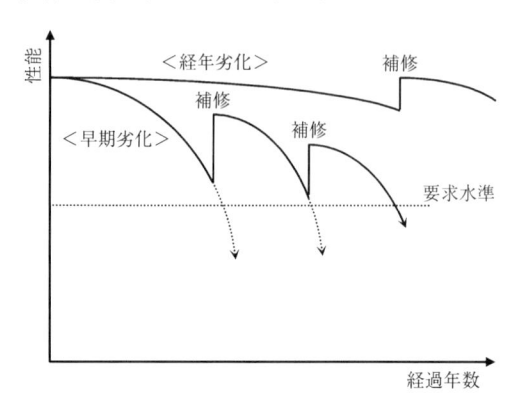

**図1** 早期劣化を生じたコンクリート構造物の補修

このような状況の中，既設のコンクリート構造物を対象に，供用期間中に健全な状態を維持していくためには，定期的に点検・調査を行い，その結果をもとに構造物の劣化状態を把握し，劣化の程度に応じて適切な時期に適切な補修や補強などの対策を施す，いわゆる維持管理作業をすることが構造物の長寿命化にとって必要となります．また，すでに建設された社会資本の保全という観点からも，最近ではこのような維持管理が極めて重要であるとの認識が高まってきました．

適切な設計・施工・材料の選定はもちろんのこと，これから説明する維持管理の手法を積極的にとり入れることによって劣化を最大限に防止でき，コンクリート構造物の長寿命化が可能となります．

【参考文献】
1) 日本道路協会：道路橋の塩害対策指針(案)・同解説，1984
2) 小林 一輔：コンクリート構造物の耐久性診断，コンクリート工学，Vol.26, No.7, 1988

# 40 塩害による劣化予測をどのように行うのか教えて下さい．

> 塩化物イオンの浸透や鉄筋の腐食進行を予測し，建設初期から，現在，および将来にわたって構造物がどのような劣化の進行をたどるのかを予測します．

　損傷を受けたコンクリート構造物の劣化予測は，構造物の余寿命を推定するうえでも重要で，その一般的手法は **Q18** で説明しました．塩害の劣化予測についても一般的には同様の手法で行うこととなります．

　塩害による劣化の進行過程は，中性化やアルカリ骨材反応などの劣化と同様に，潜伏期，進展期，加速期および劣化期の4つの期間に区分されます．そして，劣化進行予測は，それぞれの期間の長さを予測することになります．

　各劣化過程と期間を決定する要因は，潜伏期の長さは塩化物イオンの浸透や初期含有塩化物イオン濃度，進展期の長さは腐食速度と鋼材の腐食量，加速期の長さは腐食ひび割れを有する場合の鋼材の腐食速度，さらに劣化期の長さは耐荷力が低下する腐食量と，いずれも塩化物イオンの浸透と鋼材腐食の進行が大きく影響しています．

　プレストレストコンクリートにおける塩害の進行を図1に示します．進展期から加速期へ移行してコンクリートにひび割れが生じると，ひび割れに沿って塩化物イオンや酸素がコンクリート内部に供給されやすくなるため，プレス

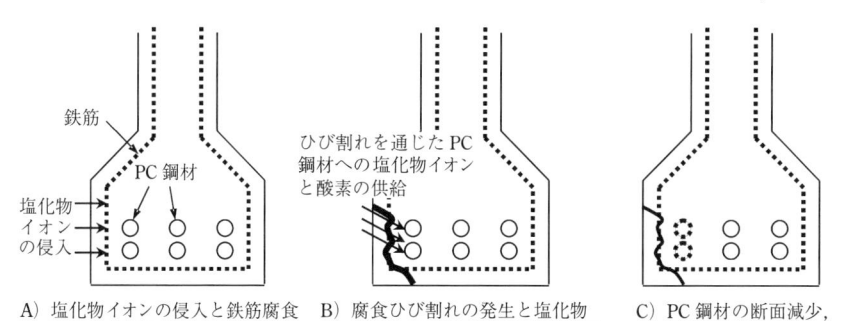

A) 塩化物イオンの侵入と鉄筋腐食の進行（潜伏期および進展期）
B) 腐食ひび割れの発生と塩化物イオンの断続的な供給（加速期）
C) PC鋼材の断面減少，破断（劣化期）

**図1　プレストレストコンクリートにおける塩害の進行**

トレストコンクリートにおいては，鉄筋より内部に位置するPC鋼材が腐食する危険性が高まり，時間が経過してPC鋼材の腐食が始まりPC鋼材の断面減少あるいは破断に至ると，鉄筋コンクリートに比べて劣化期に移行して耐荷力が急速に低下すると考えることができます．

このように，各劣化過程と期間は塩化物イオンと鋼材の腐食が大きな要因となっていることから，塩害による劣化予測では，塩化物イオンのコンクリートへの拡散と，鋼材腐食の進行を予測し，評価することになります．

塩化物イオンの拡散は，**Q07**で説明したフィックの拡散方程式を用いて求める方法のほか，促進試験によって塩化物イオンの拡散を推定する方法，塩化物イオンの拡散理論に基づく数値解析による方法なども研究されています．鉄筋腐食の進行の予測には，詳細点検などによって得られた腐食量から回帰分析により予測する方法，鉄筋の腐食反応速度から計算する方法，コンクリート中の酸素拡散から鉄筋腐食速度を推定する方法，さらに力学モデルを用いた解析による方法なども提案されています．

しかしながら，現実的には，腐食が開始する塩化物イオン濃度は，コンクリート配合や環境条件によって異なると考えられ，また，ひび割れの発生によって水と酸素の供給が増加すると腐食の速度は非常に早くなるなど予測は難しくなり，今後の研究が期待されています．

## 41 塩分浸透量の予測は具体的にどのように行うのか教えて下さい．

> 塩害における劣化予測では，コンクリート中の塩分濃度の将来予測が重要であることは **Q40** で説明しました．ここでは，表計算ソフトを用いて，調査によって測定されたコンクリート中の塩分濃度分布から，将来予測を行う方法を紹介します．

塩分の浸透量の予測の一つの手法として，コンクリート表面における塩化物イオン濃度 $C_0$ を一定としてフィックの拡散方程式の解 (式1) を用い，すでに塩害環境下にあるコンクリート中の塩化物イオン濃度分布 $C(x,t)$ から近似線を求め，将来における塩化物イオン濃度分布を推定する方法があります．この方法には，コンクリート表面における塩化物イオン濃度 $C_0$ を与え，見かけの拡散係数 $D_c$ を求める方法と，$C_0$ および $D_c$ を同時に求める方法があり，前者は主に比較的供用年数が経過していない場合に，また後者は比較的年数が経過している場合に適応されます．ここでは，竣工から21年経過した構造物をモデルとしたことから，後者の方法を用いています．

以下に，マイクロソフト社のExcelを用いて塩分の浸透量の予測の一例を示します．

**手順1：アドインのインストール**

近似線を求めるには最小二乗法と呼ばれる方法で収束解を求めて算出し，また誤差関数 (erf) を使用します．これら機能を Excel で使うためには，あらかじめツールとしてこれらの機能を Excel に付加しておかなければなりません．これらの機能は Excel の標準的なソフトのパッケージに含まれています．

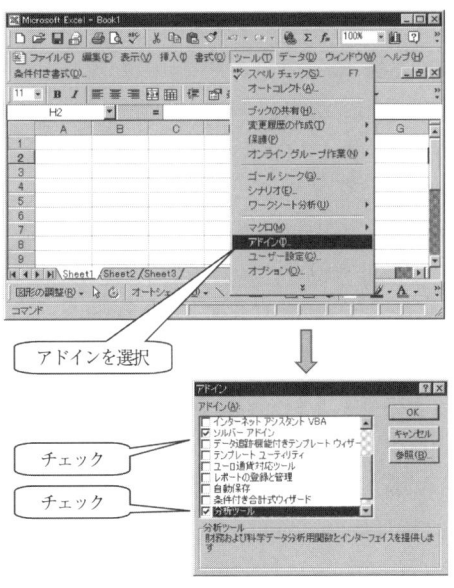

(1) メニューバーにある「ツール」の中にある「アドイン」を選択します.
(2)「ソルバーアドイン」および「分析ツール」の項目にチェック (✔) を入れ,「OK」をクリック.
(3) 後は画面の表示に従ってアドイン機能を追加します.
　注：インストール用 CD-ROM を要求される場合があります. またバージョンによっては操作方法が異なる場合がありますので, 詳細は Excel のヘルプを参照して下さい.

**手順 2：データの入力および結果出力セルの準備**

図のようにデータの入力および結果出力用のセルを用意します. 入力データとして, コアスライスを用いて測定した各表面からの平均深さ $x$ における塩化物イオン濃度 $C(x,t)$, 竣工からの経過時間 $t$, コンクリート打設時にすでに含有していたと考えられるコンクリート初期塩化物イオン濃度 $C_i$ のデータを入力しておきます.

$C_i$ は, ここでは, 深さ 10 cm における測定濃度が $0.51\,\mathrm{kg/m^3}$ であることから, $0.50\,\mathrm{kg/m^3}$ と仮定し, 入力しています.

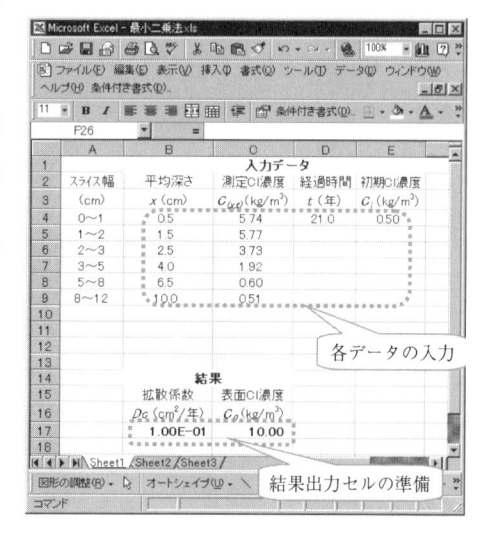

なお, 入力にあたっては, 各データの単位に十分に注意して下さい.

また出力として拡散係数 $D_c$ と表面における塩化物イオン濃度 $C_0$ の結果出力用のセルを用意します.（ここでは, それぞれ $1 \times 10^{-1}$ および 10.00 という値を, 表示させています.）

**手順 3：セルへの計算式の入力**

最小二乗法では, 式 (1) を $y = f(x)$ とすると, 各測定点における値と式 (1) との差の二乗の和, すなわち $\sum\limits_{i=1}^{n} \{y_i - f(x_i)\}^2$ が最小となるようにします.（詳細は例えば参考文献 1) などの解説書を参照して下さい.）

(1) フィットする値の式 (式 1 に相当) を G4 から G9 セルに入力する.

セル G4 に「=($C$17-$E$4)*(1-ERF(B4/(2*($B$17*$D$4)^0.5)))+$E$4」と入力して「Enter」で確定したのち，G4 セルを G5～G9 セルにコピーし，これで G5～G9 セルにも同じ式が設定されます．

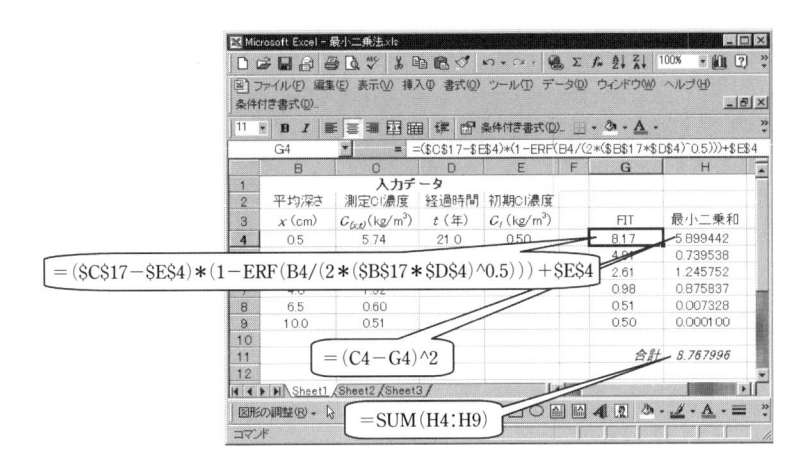

(2) 二乗和を求める式を入力．

セル H4 に「=(C4-G4)^2」と入力して「Enter」で確定したのち，H4 セルを H5～H9 セルに「コピー」します．続いて，セル H11 に「=SUM(H4:H9)」と入力して二乗和を求めるセルを用意します．

**手順 4：ソルバーによる最小二乗和の計算**

Excel のソルバー機能を用いて，セル H11 に記述した二乗和が最小となる拡散係数 $D_c$ と表面における塩化物イオン濃度 $C_0$ を求めます．

計算に先立ち，今回のデータでは最も表面である 0.5 cm における塩化物イオン濃度 5.74 kg/m³ は，それより内部の 1.5 cm における塩化物イオン濃度 5.77 kg/m³ より下回ってい

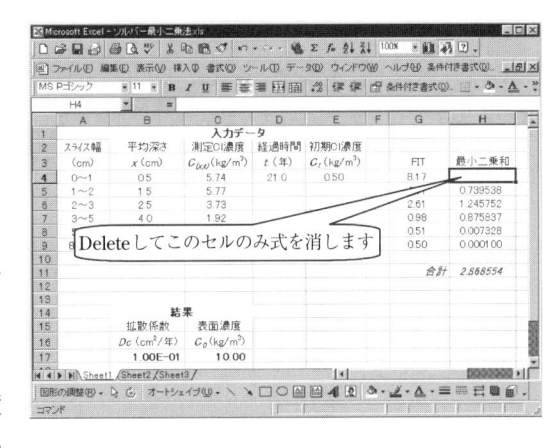

るので，0.5 cm におけるデータを省くこととしました．これは，表面付近は中性化によって固定化塩分が解離して塩化物イオン濃度が低下したためと考えられ (**Q09** 参照)，このデータの採用は将来予測における評価が難しくなるためです．今回の場合，データの割愛でより安全側の評価となります．

(1) メニューバーの「ツール」の中にある「ソルバー」を選択します．

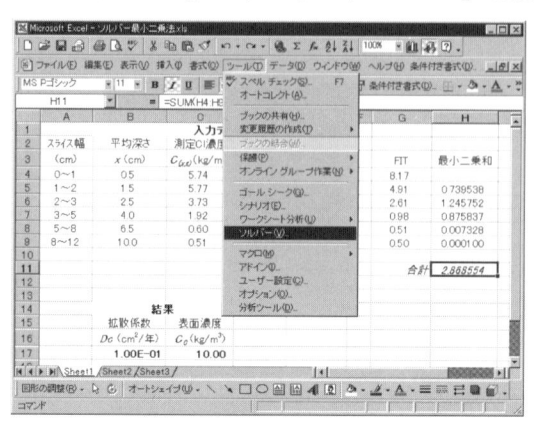

(2) 「目的セル」としてセル H11 を選択し (記述では $H$11 となります)，また「変化させるセル」としてセル B17 およびセル C17 を選択します (記述では $B$17:$C$17 となります)．

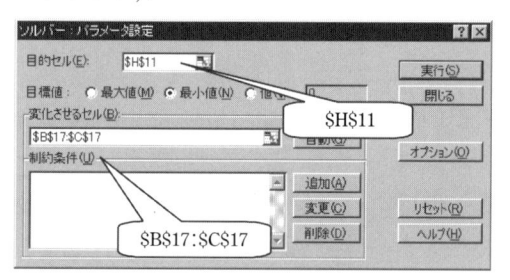

(3) 「最小値」をチェックし，「実行」をクリックします．

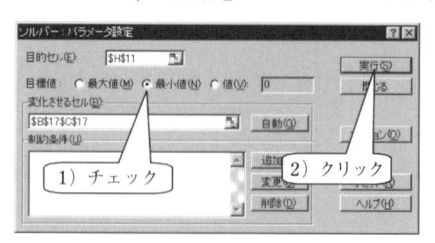

(4)「検索結果」が表示されるので,「解が見つかりました.」の表示を確認し,「解を記入する」をチェックして「OK」をクリックします.

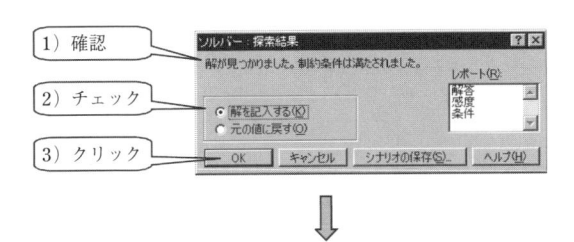

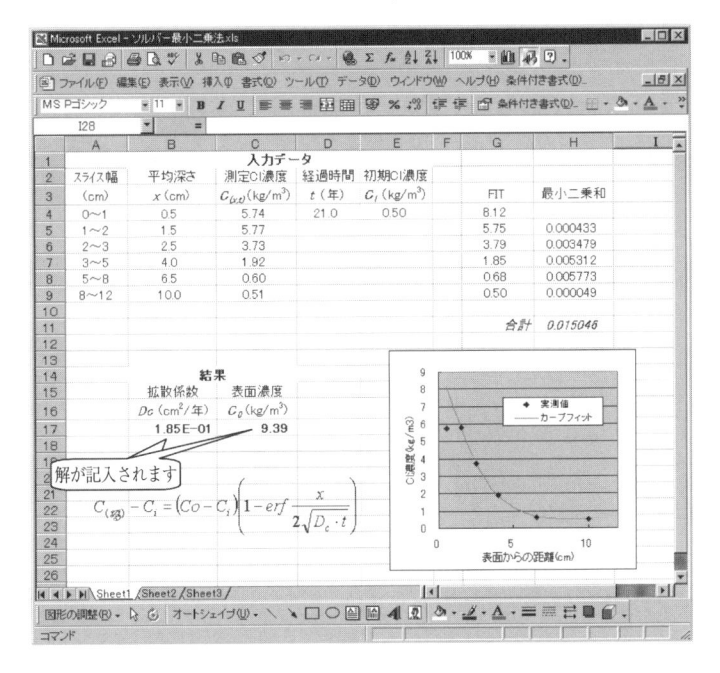

セル B17 に拡散係数が,セル C17 に表面濃度が実測値にカーブフィットした値として求まります.

### 手順5：将来予測

例えば,竣工から 100 年後における塩化物イオン濃度を予測するには,セル D4 の値を「100」と入力すれば,B列に記載した深さ $x$ における 100 年後の塩化物イオン濃度の予測値が G 列に表示されます.

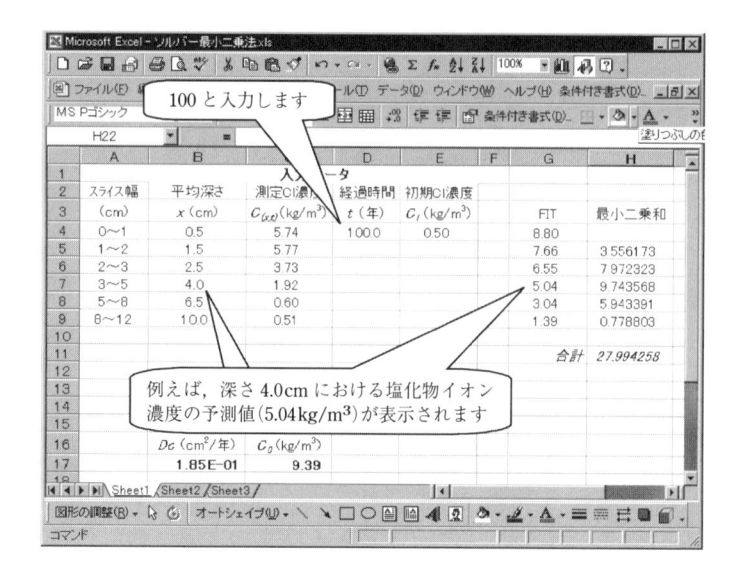

[Excelスプレッドシート画面のスクリーンショット: ソルバー最小二乗法.xls]

吹き出し:
- 「100 と入力します」
- 「例えば，深さ 4.0 cm における塩化物イオン濃度の予測値 (5.04 kg/m³) が表示されます」

入力データ:

| スライス幅 (cm) | 平均深さ $x$ (cm) | 測定Cl濃度 $C_{(x,t)}$ (kg/m³) | 経過時間 $t$ (年) | 初期Cl濃度 $C_i$ (kg/m³) | FIT | 最小二乗和 |
|---|---|---|---|---|---|---|
| 0〜1 | 0.5 | 5.74 | 100.0 | 0.50 | 8.80 | |
| 1〜2 | 1.5 | 5.77 | | | 7.66 | 3.556173 |
| 2〜3 | 2.5 | 3.73 | | | 6.55 | 7.972323 |
| 3〜5 | 4.0 | 1.92 | | | 5.04 | 9.743568 |
| 5〜8 | 6.5 | 0.60 | | | 3.04 | 5.943391 |
| 8〜12 | 10.0 | 0.51 | | | 1.39 | 0.778803 |
| | | | | | 合計 | 27.994258 |

| $D_c$ (cm²/年) | $C_0$ (kg/m³) |
|---|---|
| 1.85E-01 | 9.39 |

**塩化物イオン濃度の予測に用いた式**

$$C(x,t) - C_i = (C_0 - C_i)\left(1 - \mathrm{erf}\frac{x}{2\sqrt{D_c \cdot t}}\right) \tag{1}$$

ここに，$x$：コンクリート表面から塩化物イオン濃度を測定した箇所の中心までの距離 (cm)

$t$：竣工からの年数 (年)

$C(x,t)$：距離 $x$ (cm)，期間 $t$ (年) における測定された塩化物イオン濃度 (kg/m³)

$C_0$：コンクリート表面における塩化物イオン濃度 (kg/m³)

$C_i$：初期含有塩化物イオン濃度 (kg/m³)

$D_c$：見かけの拡散係数 (cm²/年)

erf：誤差関数

**【参考文献】**
1) 栗谷 隆：データ解析 アナログとディジタル (改定版)，学会出版センター，1991

## 42 コンクリート構造物における維持管理の実際(方法)について教えて下さい．

> 維持管理は大きく分けて，点検，劣化予測，評価および判定，対策からなり，構造物の性能を要求された水準以上に保持するために実施します．

　構造物の維持管理は，実際には構造物の所有者が独自に，また様々な方法で管理されています．ここでは，維持管理に共通する概念を説明します．

　維持管理とは，構造物を供用している期間において，構造物の性能を要求された水準以上に保持するために行うすべての技術的な行為のことをいいます．すなわち，現在の，あるいは将来における構造物の保有する性能が，要求される性能を下回ることがないようにすることです．例えば，要求性能として「25tトラックの通行に耐える道路橋」を今後20年供用すると想定したとして，点検を行った結果，現状の構造物を保有性能が20tである，あるいは10年後に25tの性能を保持できないであろう，という評価になれば，補強を行うなどなんらかの対策が必要となることは容易に理解できることでしょう．

　このように，維持管理では，構造物の要求性能を明らかにしたうえで，点検を行って保有性能を評価し，

$$\frac{保有性能}{要求性能} \geq 1.0$$

となるかどうかを判定し，判定の結果に基づいて補修・補強を含めたなんらかの対策を行うことを基本としています．実際的には，性能は具体的な数値で表すことが困難なため，性能をなんらかの指標，例えば終局曲げ破壊，変形の使用限界状態などとして，評価することとなります．

　コンクリート構造物は多種多様であり，また構造物が置かれる環境も異なるので，構造物が異なればその構造物を維持管理する手法もすべて違います．さらに，維持管理は構造物の状態を把握するとともに，多種多様な診断技術や補修・補強工法，将来の予測，場合によっては社会状況の変化なども勘案する必要があり，また，新しい技術の評価など，維持管理はいっそう難しいものとなっています．そして，その維持管理が効率的であるかどうかは，何十年か実践してはじめてわかることも多くあります．このような状況の中で，

構造物の維持管理は構造物の状態，要求性能，環境条件などに応じて，管理者自らがどのような手法で維持管理を行うかを決め，そして実行していくこととなります．

コンクリート構造物の維持管理は，人の健康管理と同じようなものです．すなわち，生後，通常1週間は病院で過ごして「初期点検」に相当する様々な検査を受け，日ごろは体重計に載るなどの「日常点検」に相当する管理を行い，学校や会社では1年に1回の「定期点検」にあたる健康診断を受け，また，異常があれば病院に行き「詳細点検」にあたる精密な検査を受けます．また，病気であると診断されれば，手術や薬などで治療することとなるでしょう．

人の体質や生活環境がそれぞれ違うようにコンクリート構造物も多様であり，一律に点検を行い，対策を施すというわけにはいきません．また，複合劣化のように劣化の原因が複雑に入り組んでいる場合もあります．したがって，構造物の維持管理における点検では，医師に相当するコンクリート診断士など専門家の協力も必要となると思われます．

いずれにしても，劣化原因は何か，現在の劣化状況や将来の劣化進行はどうなのか，そして劣化進行によって構造物のどの性能に問題が生じ，将来的にどうなるのかが明らかになれば，補修や補強の要否，あるいは工法や材料に対する要求性能を具体的に決めることができます．また，補修・補強においてもライフサイクルコストの概念を導入することによって，最も適切で経済的な補修・補強材料，工法の選択や補修・補強時期の設定も可能となってきます．病気にかかってから治療するのではなく，日常から体重計に載るなど定期的に検査し，体を健康に保つことが必要です．これはコンクリート構造物に対しても同様で，劣化が顕在化しないように維持管理し，劣化が認められた場合には速やかに対処することが大切です．

構造物の維持管理は決して単純なものではありません．土木学会の示方書[1]では，維持管理の基本的な原則が示されていますが，ここでは維持管理編の内容を中心として，維持管理の基本的な手法について解説します．

### (1) 維持管理の手順

構造物の基本的な維持管理のフローを図1に示します．いずれの構造物でも，基本的にはこの手順に従って，供用期間中に維持管理することとなります．一般的な維持管理の手順として，既設構造物では今後どのような維持管

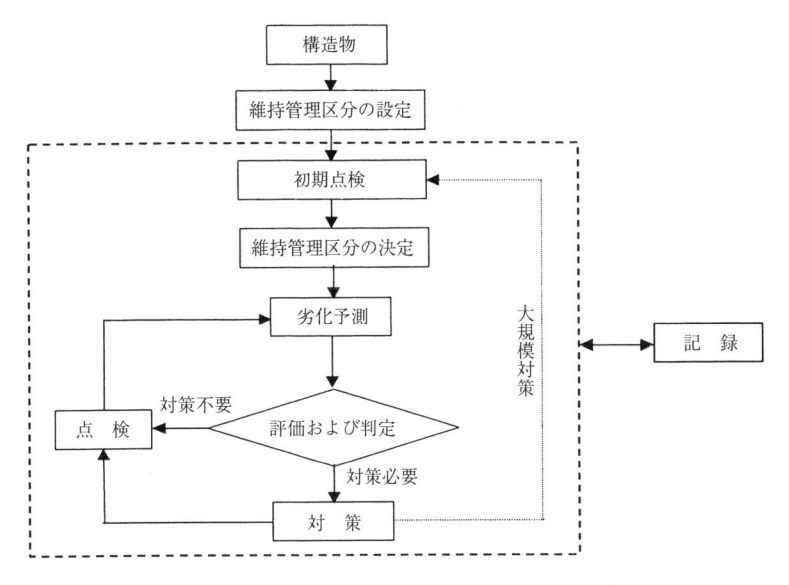

図1 構造物の基本的な維持管理のフロー[1]

理を行っていくかを決める「維持管理区分の決定」で始まります．その後，初期点検，日常点検，定期点検などの「点検」と，点検の結果に基づいて「劣化予測」，「評価および判定」，「対策」といったプロセスをたどります[1]．また，維持管理では，あらかじめ構造物に要求される性能を明確化しておくことと，維持管理の記録を残すことが重要となります．

**(2) 構造物の要求性能**

構造物の維持管理を始めるにあたっては，まず，構造物にどのような性能が要求されるのかを明確にしておかなければなりません．維持管理では，その構造物が有する保有性能が要求性能を満足するか否かを判定することとなりますが，このためには保有性能および要求性能を定量的に把握することが重要となります．

要求性能が不明確であれば，維持管理で行う構造物の点検手法や点検の結果に対する評価判定も曖昧となり，また補修・補強などの対策も的確に行えません．そして，このような維持管理は結果として多くの無駄な費用がかかり合理的ではなく，長期間に及ぶ構造物の維持管理では，その期間に得られる貴重な点検データは一貫性に欠けるものとなり，以後の維持管理に生かさ

```
構造物の要求性能 ─┬─ 安全性能 ─┬─ 耐荷性能
                │            └─ その他の安全性能
                ├─ 使用性能 ─┬─ 使用性に関する性能
                │            └─ 機能性に関する性能
                ├─ 第三者影響度に関する性能
                ├─ 景観・美観
                └─ 耐久性能
```

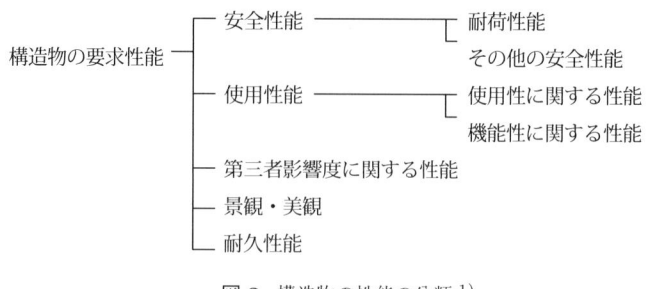

図 2 構造物の性能の分類 [1]

れなくなります．

構造物の要求性能は，図 2 に示すように，大きく分けて安全性能，使用性能，第三者影響度に関する性能，美観・景観，耐久性能に分けられます．

要求性能のうち，一般的に，安全性能には耐荷性能があります．例えば，耐震性能や車両の衝突による構造物の変形なども安全性能に含まれます．使用性能としては，例えば路面の凹凸によって快適性が損なわれる使用性に関する性能，粉塵による目づまりによって路面排水ができなくなるなど，構造物の機能性に関するものがあります．第三者影響度は，コンクリート片の剥落などによって危害を与える可能性に関するもので，景観・美観については，単に排気ガスや微生物の付着で構造物が汚れて見栄えが悪いといったことだけでなく，錆汁の発生やひび割れなども含まれ，例えば構造物の使用性能上大きな影響がなくとも，構造物の使用者や第三者へ不安感を与えないことを配慮することが必要となります．

また，耐久性能は，安全性能，使用性能，第三者影響度に関する性能と景観・美観の諸性能について，時間が経過することによっても，すなわち予定供用期間中に，余裕をもって保持することができることを意味します．耐久性能の概念を図 3 に示しますが，耐久性能は諸性能が時間の経過とともに低下することに対する抵抗性となります．

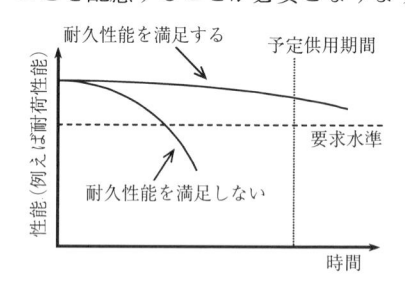

図 3 耐久性能の概念図

### (3) 維持管理区分

一般に構造物は，社会的な，あるいは経済的な重要度，第三者影響度，予定

供用期間などによって維持管理の方法は大きく異なり，また，劣化予測，補修・補強などの維持管理の容易さも相違します．維持管理を行うにあたっては，まず，構造物の「初期点検」を行って構造物に関する情報を収集したうえで，どのような内容の維持管理を行えばよいかの維持管理区分を定める必要があります．維持管理区分は，予防維持管理，事後維持管理，観察維持管理，無点検維持管理の4つに分けられます．

予防維持管理とは，劣化が顕在化する前に予防的に維持管理するもので，劣化が顕在化してからでは対策が困難なもの，劣化が現れては困るもの，設計耐用期間が長いものなど，一般に重要度の高い構造物や，劣化が生じてからでは多くの補修・補強費用がかかるものなどに適用されます．

事後維持管理とは，構造物の性能低下の程度に応じて実施する維持管理で，現在行われている維持管理の多くはこの区分に属すると考えられます．劣化が外に現れてからでもなんとか対策がとれるもの，劣化が外に現れてもそれほど困らないような場合に適用されます．

観察維持管理とは，使用できるだけ使用すればよいもの，第三者影響度に関する安全性を確保すればよいものなど，例えば消波ブロックなどがあり，構造物に補修，補強といった対策を行わない維持管理をいいます．目視観察による点検を主体とした維持管理を行います．無点検維持管理とは，構造物の基礎など直接には点検を行うのが非常に困難な構造物が相当し，地盤や周辺の構造物の変状など間接的な点検によって維持管理します．

### (4) 点検

点検は，構造物の劣化，地震や事故などによる損傷，コールドジョイントなどの初期欠陥を早期に発見するという役割をもっています．点検によって構造物の性能を正確に把握し，また補修・補強などの対策を行うための資料を得ます．

点検には，まず，維持管理を始めるにあたって構造物の初期状態のデータを集める目的で行う「初期点検」と，初期点検以後に行う日常点検，定期点検，詳細点検と臨時点検があります．いずれの点検でも，構造物の種類，重要度，要求される性能，構造物の環境，維持管理区分，経済性などを考慮して，点検の項目，部位，頻度，方法などを設定します．

初期点検は，新設構造物の場合は供用開始前に，既設構造物の場合は維持管理を行う際に，またすでに維持管理されている既設構造物でも大規模な補修・補強などの対策を行った後に実施します．初期点検は，構造物のひび割れ，豆板，コールドジョイント，砂すじなどの初期欠陥や，すでに生じている損傷などを発見するために目視や打音法による点検と，設計，施工に関する図書調査を原則として行います．

　日常点検は，日常の巡回において目視による点検や車上感覚による点検などを主体とし，劣化，損傷の有無など，異常がないかどうかを把握することを目的として実施します．また，定期点検では日常点検では補えない構造物の細部も含めて点検を行います．定期点検では，目視点検や打音法による点検を主体とし，必要に応じて非破壊検査やコア採取なども組み合わせ，その頻度は，一般に数年に1回程度となります．また，予防維持管理では，構造物に取り付けたセンサーによるモニタリングで日常点検や定期点検の代用とする場合もあります．

　臨時点検は，地震，台風などの自然災害や，車両，船舶の衝突などの事故によって構造物に大きな作用を生じた可能性がある場合，あるいはコンクリート片の剥落などの事故が生じた場合に，対策の要否を評価判定することを目的として行う点検です．

　詳細点検は，初期点検，日常点検，定期点検，臨時点検で劣化の可能性があると判定された場合に詳細なデータを得るため，あるいは劣化予測のための実データを得るためなどを目的として行うものです．詳細点検では詳細なデータが必要な部分について実施しますが，変状の原因を明らかとするために，その近傍のデータも併せて採取することもあり，また点検項目は劣化機構との関連性などを考慮して，高度な専門的知識に基づいて選定することが必要となります．

　表1に点検の方法とその項目の例として，塩害地域に建設されたコンクリート橋の詳細点検の結果を示します．この例では，定期点検によってひび割れは認められないものの構造物の一部に錆汁の発生が観察され，劣化の可能性が懸念されたため，詳細点検を実施したものです．劣化要因として塩害が予測されたので，特にコンクリート中の塩化物イオン濃度と鉄筋の腐食状況確認に重点を置いて調査されています．

表1 コンクリート橋の詳細点検の例

| 項　目 | 方　法 | 結　果 |
|---|---|---|
| 塩化物イオン濃度 | コア供試体スライス片を用いたJCI法 | 図4(a)に記載 |
| 圧縮強度 | コア供試体の載荷試験 | 53.4 N/mm$^2$ |
| 中性化深さ | フェノールフタレイン法 | 平均3 mm |
| 鉄筋腐食状況 | 部分はつりによる目視 | 断面欠損はないが鉄筋の一部に錆の発生が認められる |
| かぶり厚さ調査 | 電磁誘導法 | 30〜45 mm(平均38 mm) |

### (5) 劣化原因の推定と劣化予測

　耐久性に配慮したコンクリート構造物であっても，予期しえなかった様々な要因によって，長い時間の経過のうちに，なんらかの劣化現象が現れることがあります．そして，点検によって構造物に認められる変状や測定データから劣化の原因が何であるか，また，今後生じるであろう劣化の時期を予測します．

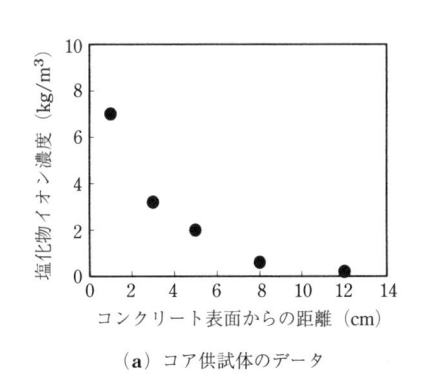

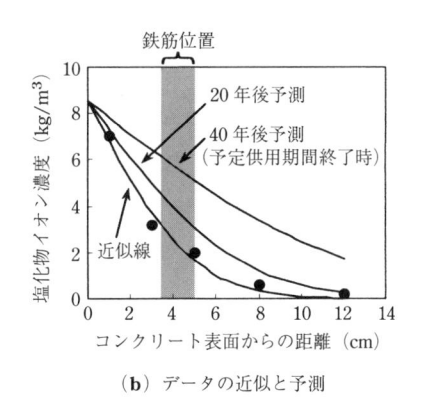

(a) コア供試体のデータ

(b) データの近似と予測

図4 塩化物イオン濃度分布と将来予測の例

　**Q40**で示しましたが，一般に，劣化は潜伏期，進展期，加速期，および劣化期に分けられます．そして劣化予測では，予定供用期間終了時に劣化がどの状態に達しているかを予測します．塩害の劣化予測では，塩化物イオン量が深く関係することから，鉄筋位置における塩化物イオン量を予測することが一般的に行われます．図4には，将来予測の手法の一例を示します．詳し

くは **Q41** で解説しましたが，図 4 (a) のデータをもとに，最小二乗法を用いて近似線を求め，時間 $t$ を増加させて将来におけるコンクリート中の塩化物イオン濃度を予測するものです．

しかしながら現実の構造物の劣化においては，劣化の原因が単一ではなく，何種類もの劣化要因・因子が同時に作用するといった自然の複雑な環境作用を受けて劣化が進行する複合劣化が生じる場合がほとんどであり，この複合劣化が構造物の維持管理をいっそう複雑にしています．

複合劣化については **Q14** に示していますが，さまざまな劣化要因や因子が「独立的」「相乗的」あるいは「因果的」に相互作用して劣化が進行します．複合劣化のメカニズムは複雑で，複合劣化を生じた構造物では劣化予測や評価・判定が難しくなるといった問題もあります．

### (6) 評価および判定

点検によって得られた結果に基づいて，現状すなわち点検時と，劣化予測を行って予定供用期間終了時における構造物の評価および判定を行います．構造物の評価は，構造物がどのような劣化過程にあるのか，また判定では要求性能を満足するか否かを，要求性能を満足しない場合には補修・補強などの対策の必要の有無を判断します．

評価および判定の内容は，初期点検なのか日常点検なのかといった点検の種類によって異なってきます．例えば，初期点検において設計，使用材料，工事の記録や環境条件から劣化する可能性がなく，かつ日常点検で劣化，損傷，初期欠陥が認められない場合には，構造物は要求性能を満足していると判定してもよいでしょう．一方，詳細点検の結果から劣化予測を行って将来要求性能を満足しなくなる可能性がある場合では，判定として対策を施すこととして補修・補強方法の選定やその時期を決めることとなります．また，塩害を受ける可能性がある環境に建設される場合には，詳細点検によってコンクリート中の塩化物イオン量を測定して腐食発生の時期を予測したり，腐食による鉄筋径の減少などから，点検時および予定供用期間終了時において構造物に要求される性能が満足するかどうかを照査することとなります．

表 2 には，表 1 で示した点検と図 3 で示した将来の塩化物イオン濃度予測から，現状および将来における構造物の評価と判定を行った例を示します．現状では，鉄筋位置での塩化物イオン濃度は，すでに腐食の開始する腐食発

生限界塩化物イオン濃度に達しており，腐食ひび割れによる第三者被害の危険性があると判断されたため補修を行うこととし，補修までは点検を強化することとしています．

表 2　詳細点検の結果 (表 1) および劣化予測から得られた評価および判定の例

| | 評　　価 | 判　　定 |
|---|---|---|
| 現　状 | 鉄筋の腐食は開始しているが，かぶりにひび割れは認められない．進展期にあると推定される． | 現在は要求性能が満足されていると推測される．鉄筋の腐食はすでに開始しており，近い将来には加速期に達し，第三者障害の可能性がある．したがって，対策を行うこととし，それまでは点検を強化する． |
| 将来予測 (予定供用期間終了時) | 加速期〜劣化期と推定される． | 要求性能を満足しない． |

### (7) 対策

評価および判定において，構造物に要求される性能が満足しない場合には，適切な対策が必要となります．対策としては，点検の強化，補修・補強，修景，使用性の回復，機能性向上，供用制限，解体・撤去などがあります．対策は，残存供用期間，維持管理の容易さ，あるいはライフサイクルコストなどを考慮に入れて，対策を行う時期を含め総合的に選定する必要があります．

また，補修や補強の実施にあたっては，構造物の劣化原因と劣化程度に応じて，適切な材料・工法を選定することが重要となります．

### (8) 記録

構造物の維持管理は長期間に及び，過去のデータが将来の維持管理のための有力な情報となるので，記録を残すことは非常に重要となります．

記録の対象は，構造物の諸元，設計，施工に際して適応した基準類，工事記録，点検の内容や結果，劣化予測，評価および判定，補修・補強などの対策実施内容であり，できるだけ参照しやすい形で保存することが望まれます．また，記録は構造物を供用している期間だけでなく，類似した他の構造物の維持管理にも役立てるため，引き続き保存することが望まれます．

【参考文献】
1) 土木学会：コンクリート標準示方書 (2001 年制定) [維持管理編]，2001
2) 日本コンクリート工学協会：複合劣化コンクリート構造物の評価と維持管理計画研究委員会報告書，2001.5

*Tea Time*

## 6 耐用期間と供用期間

構造物の維持管理では，維持管理を行う時間の定義として供用期間や耐用期間といった表現が用いられます．ここでは，用いられる言葉とその意味について解説します．

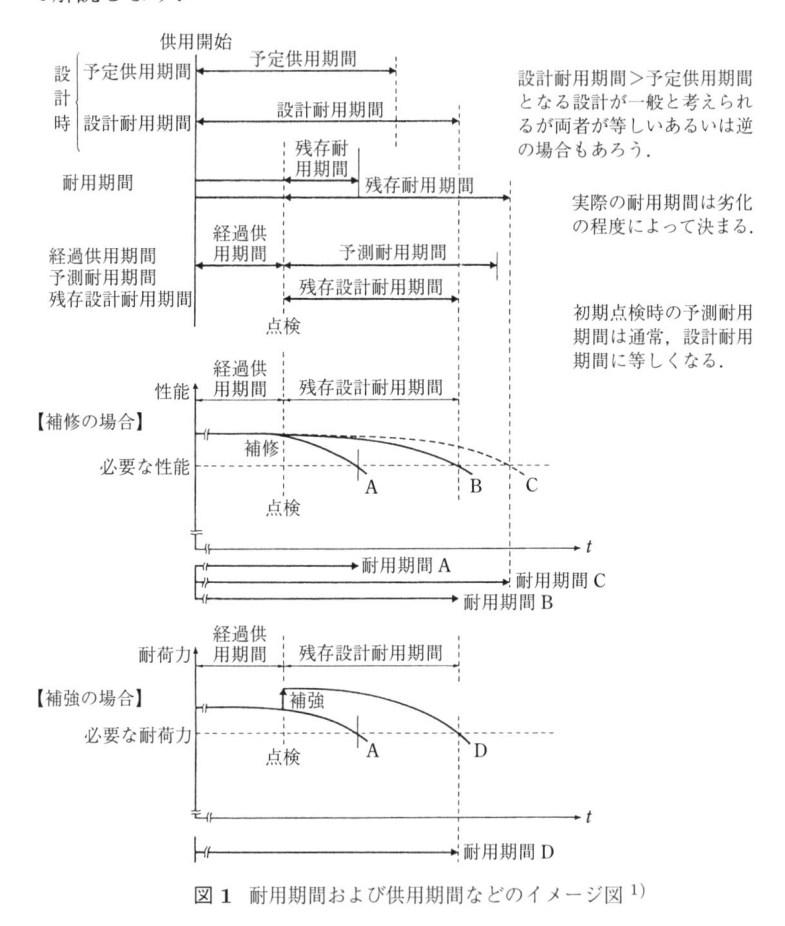

**図1** 耐用期間および供用期間などのイメージ図[1]

**供用期間．** 構造物を供用する期間．構造物の所有者が決めるものです．

**予定供用期間．** 構造物を供用したい期間．構造物の所有者が設計時に決めるもので，社会的要因や経済的な要因に基づいて決定されます．一般には設計耐用期間＞予定供用期間ですが，設計耐用期間＜予定耐用期間とし，補

修・補強によって維持管理を図ることも可能です．

**設計耐用期間．** 設計時において，構造物の部材がその目的とする機能を十分に果たさなければならないと規定した期間です．

**耐用期間．** 構造物あるいは部材の性能が低下することにより，必要とされる機能を果たせなくなり，供用できなくなるまでの期間です．耐用期間は構造物の環境，使用材料や劣化の種類，程度に影響されます．

**残存設計耐用期間．** 点検時から設計耐用期間に達するまでの，残りの期間です．

【参考文献】
1) 土木学会：コンクリート標準示方書 (2001 年制定) [維持管理編], 2001

## 43 構造物の性能を評価するためにはどのような点検方法があるのか教えて下さい．

> 評価する性能に応じて，主にコンクリートおよび鋼材に着目した種々の点検方法があります．

構造物で維持管理の対象となる性能は，**Q42**で説明したように，安全性能，使用性能，第三者影響度に関する性能，美観・景観，耐久性能です．性能を評価・判定する場合の基本的な考え方を図1に示します．実際に構造物の性能を評価する場合には，まず性能を表す指標，例えば安全性では，終局曲げ破壊，変形の使用限界状態など，耐久性では塩害，中性化などを設定します．続いて，設計図書，施工記録，補修・補強などを含めた維持管理記録と，指標に基づいて調査項目や点検方法を選定し，その結果から性能を評価します．そして，構造物の性能が，要求性能を満足するかどうかを，安全係数などを考慮して判定することとなります．性能を評価するうえで，一般的な調査・点検の項目およびその方法を表1に示します．

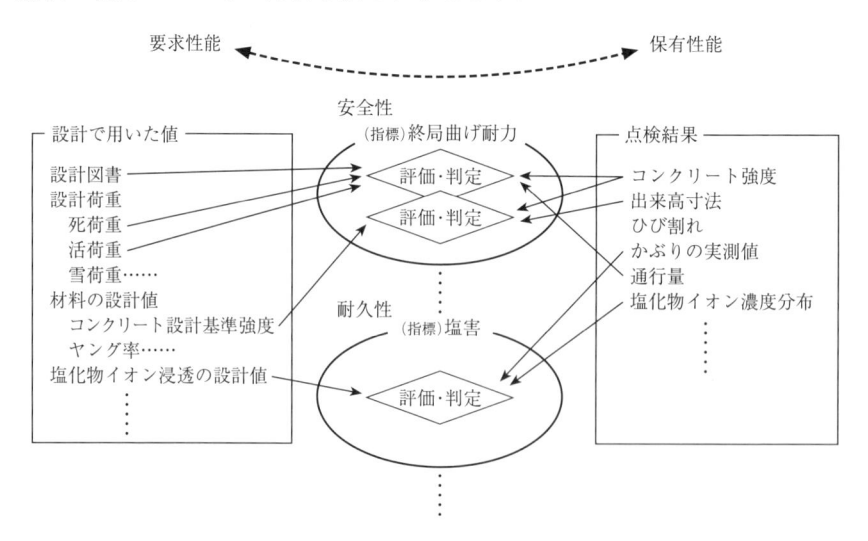

図1 性能の評価・判定の概念

表 1 構造物の性能を評価するための調査および点検

| 性能 | | 調査項目 | 点検方法 |
|---|---|---|---|
| 安全性能 | 作用外力 | 固定荷重<br>変動荷重<br>環境 | 寸法計測<br>交通量調査，応力頻度計測，ひずみ計測<br>風速，積雪量 |
| | 構造物の力学特性 | 応力度<br>プレストレス力<br>剛性<br>振動特性 | 載荷試験，押抜きせん断試験<br>コンクリートの局部破壊による検査<br>たわみ，変形量計測<br>動的載荷試験 |
| | コンクリートの性状 | 外観変状<br>　ひび割れ<br>　ひび割れ進行<br>　漏水，エフロレッセンス<br>　コールドジョイント，豆板<br>　表面摩耗度<br>強度，ヤング率<br>平坦性<br>内部欠陥 | <br>スケッチ，写真，赤外線撮影，弾性波，AE<br>ひび割れ幅変動，評点間距離測定<br>目視観察，漏水追跡調査<br>目視観察<br>目視観察<br>コア供試体試験，引抜き耐力，シュミットハンマー<br>段差量<br>X線撮影調査，電磁波レーダー |
| | 鋼材・鉄筋 | 鋼材量，かぶり<br>腐食量<br>グラウト充填調査 | X線撮影，電磁誘導・レーダー探査<br>局部破壊検査による断面欠損<br>X線撮影，打音振動法，削孔，はつり，内視鏡検査 |
| 使用性能 | 快適性 | 振動性状，変形<br>平坦性 | 固有振動数，たわみ<br>IRI，体感 |
| | 防水性 | 漏水，エフロレッセンス | 目視観察，漏水追跡調査 |
| 第三者影響度に関する性能 | 剥離，剥落 | 外観変状 | 目視観察，打音法 |
| 耐久性能 | 外観変状 | ひび割れ<br>漏水，錆汁<br>コンクリートの浮き<br>鉄筋露出 | スケッチ，写真，赤外線撮影，超音波法<br>目視観察，漏水追跡調査<br>打音，赤外線撮影<br>目視観察 |
| | コンクリートの品質 | 配合<br>緻密性<br>微細構造<br>表面侵食<br>塩化物イオン<br>中性化深さ<br>残存膨張量<br>凍害劣化<br>骨材の品質 | 配合推定分析<br>透水係数，透気性の測定<br>SEM，EPMA<br>目視観察<br>塩化物イオン濃度分布，EPMA<br>フェノールフタレイン法<br>アルカリ骨材反応試験<br>細孔径分布，相対動弾性係数<br>岩種判定，X線回折，電子顕微鏡，モルタルバー法，化学法 |
| | 鉄筋の腐食 | 断面欠損<br>腐食進行 | はつり<br>自然電位法，分極抵抗法 |
| | 環境外力 | 気象条件<br>立地環境<br>飛来塩分量<br>凍結防止剤 | 温湿度，風向風速，降雨降雪量<br>硫酸塩還元細菌，温泉，酸性雨，化学物質<br>ガーゼ法，土研法<br>散布量調査 |

実際には設計図書や施工記録，維持管理の記録，環境条件など，机上でできる方法で調査を行い，構造物にどのような劣化が生じる可能性があるか，また過去の維持管理記録からどのように劣化が進行しているかを推測します．そして，構造物の種類，用途や重要性に応じて実績，現場への適用性，さらにコストなどの面から，適用する点検方法を決定して実施します．そして，変状が生じている場合には，点検結果から変状の原因を究明し，必要に応じて類似の事例や構造解析などにより，これらを指標として構造物の性能を評価し，安全率を考慮して要求性能を満足するかどうかを判定することとなります．

　また，特に塩害やアルカリ骨材反応などによって損傷を受けた構造物では，実際にはその性能を精度よく評価することが難しいため，判定においては安全率を高く見積もるなどの配慮が必要です．

# 44 耐久性を高めるための最新の(診断)技術について教えて下さい.

> smart materialやハイブリッド補強材などの使用,さらにコンピュータ技術を利用することによりインテリジェントな構造物をめざしています.

　コンクリートの構造物の塩害を対象に,構造物の耐久性を高めるための技術について **Q19** で説明したように,材料,設計,施工の各方面から種々の方法があり,さらに維持管理手法をとり入れることによって,耐久的な,より寿命の長い構造物にすることが可能であることはすでに説明しました.

　今後,ますます増えると予想される既設構造物の維持管理においては,その健全度を正しく把握し,延命化や更新計画に反映していくために,構造物の検査を効率よく,しかも確実にその劣化(変状)を検知し,適切な健全度診断を行うことが重要となってきます.

　最近では,コンクリート技術,センサー技術の発達により,部材の中にセンサーを埋め込んで,劣化因子や応力状態をコンピュータを用いて常時モニターし,維持管理を効率よく,確実に行おうとするモニタリングシステムの構築もなされています.その場合,ハードウェアやソフトウェアを有効に活用し,情報通信ネットワーク体系を構築することで,遠隔診断が可能となってきています.

　また,材料面においては,構造物やシステムなどを構成する材料自体,その特性の変化・劣化や局所的な破壊・損傷を知らせる機能をもつ,いわゆる smart materials (インテリジェント材料)などの研究も行われています.次に,インテリジェント材料の例を示します.

　図1は,鉄筋代替材として考えられているカーボン繊維,アラミド繊維,ガラス繊維などの繊維補強材化プラスチック,さらにこれらを組み合わせたハイブリッド補強材の,引張強度とひずみの関係を示す概念図です.この図からわかるように,伸び能力の異なる材料を適切に組み合わせたハイブリッド補強材は,伸び限界の小さい繊維から順次破断し,伸びの大きい繊維の破断で終局となる挙動を示しています.このことは,炭素繊維が,その電気抵抗を測定することによって簡単に危険予知のできる,インテリジェント材料と

しての機能を有していることを意味しています．

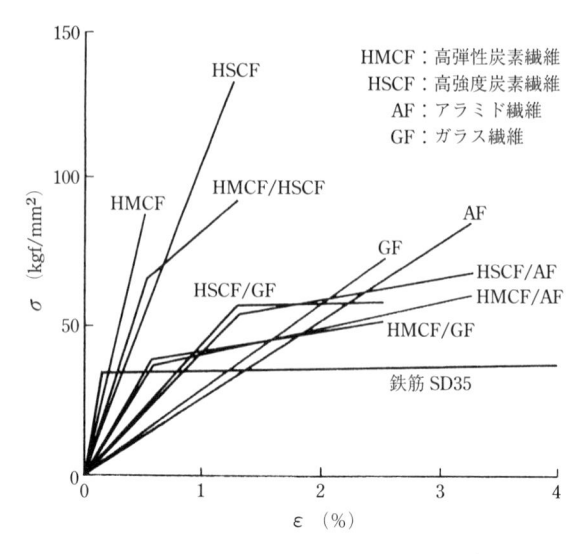

**図1** 複合材の引張特性 ($\sigma \sim \epsilon$ 関係)[1]

　図2および図3は，ハイブリッド補強材(CFGFRP)をコンクリートの補強筋として用いた場合の挙動を確認するための試験であり，それぞれ，コンクリート床版の供試体と，曲げ載荷試験の結果を示したものです．この結果から，コンクリートにひび割れが発生するまでは電気抵抗値がほとんど変化せず，ひび割れ発生後は変位に応じて電気抵抗が増加すること，また，除荷すると変位は戻るが電気抵抗は残留し，過去に受けた最大ひずみ，すなわち荷重を記憶していることがわかります．荷重に対して電気抵抗はよい相関を示しています．

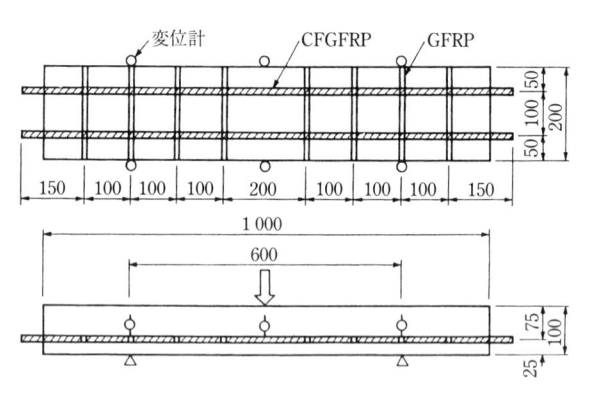

**図2** 曲げ試験体形状・寸法[1]

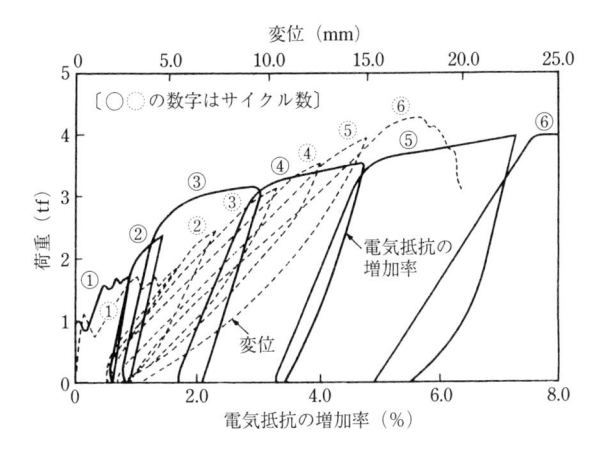

図3 CFGFRP補強コンクリートの曲げ実験結果
(荷重−変位, 荷重−電気抵抗変化の関係)[1]

また，コンクリート中に自己修復型複合材料を用いて，ひび割れが発生するとコンクリート中に埋め込まれたカプセルが壊れて中の補修剤が溶出してひび割れを補修するような技術や，鋼材に形状記憶合金を応用して，構造物の耐久性に影響を及ぼすようなひび割れの発生を抑制しようというようなことも考えられています[2]．

センサーにおいても，これらの材料のほか，光ファイバーや導電性粒子などを応用することで，ひずみや損傷の発生，劣化等を自己診断し，損傷等の進展を自己抑制・修復し，さらには，状態に応じて形状が自ら変化する，などの技術も可能になってくるものと思われます．

図4は，鉄筋のひずみを測定するのに通常使用されているストレインゲージと，光ファイバーとによる鉄筋のひずみの測定結果を示したものです．図からも明らかなように，こ

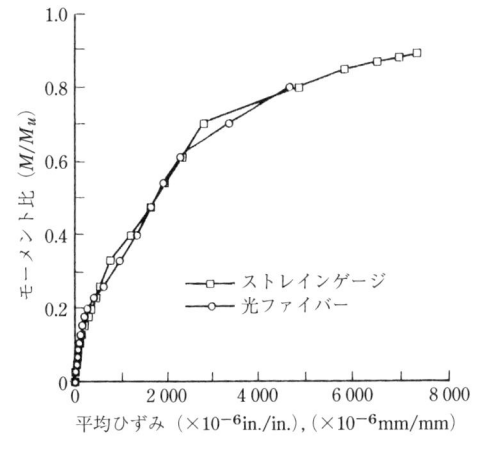

図4 光ファイバーとストレインゲージによる鉄筋ひずみ測定[3]

れらの間で高い相関性があることがわかります．

また，鉄筋コンクリート梁の載荷試験において，下端筋および上端筋に設置した光ファイバーによりひずみを測定した結果を図5に示します．同一箇所に貼付したストレインゲージのひずみ測定値と比較するとよく一致していることがわかります．測定データを点でしか得られないストレインゲージに代わって，測定部位の連続的なデータが得られる光ファイバーは構造物の健全度診断・評価において有効な技術となりうるものと思われます．

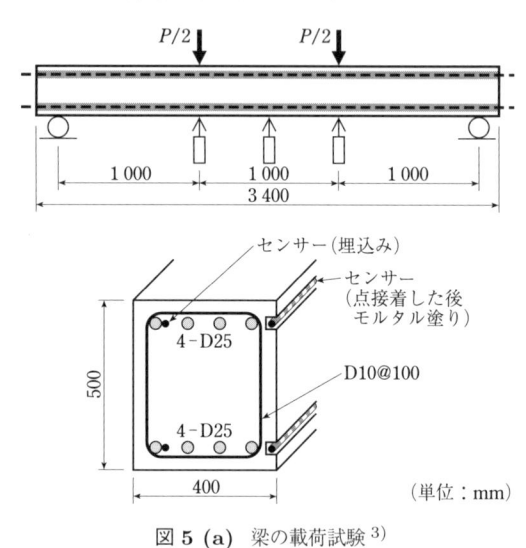

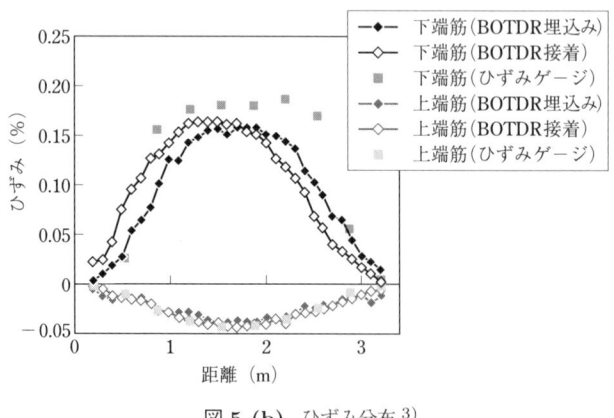

図5 (a) 梁の載荷試験[3]

図5 (b) ひずみ分布[3]

以上のような要素技術はPC構造物においては非常に有用で，部材のひずみを光ファイバー等のセンサーにより常時モニターし，作用する活荷重の大きさや変形量に応じてコンピュータにより最適のプレストレス力を決定して自己制御することが可能な，いわゆるインテリジェントPC橋梁[4]の実現に大きく寄与するものと思われます．

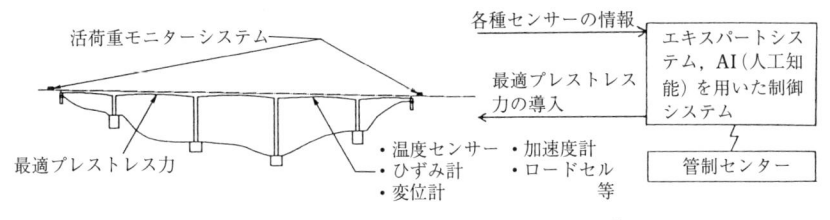

図6 インテリジェントPC橋梁の概念[4]

今後，構造物の性能の向上，長寿命化の観点から，これらの技術はさらに研究され，コンクリート構造物への適応が可能となれば，よりよい社会基盤の構築に大きく寄与してくるものと期待されます．

【参考文献】
1) 日本コンクリート工学協会：インテリジェント・コンクリート，コンクリート工学，Vol.32, No.7, pp.146–149, 1994
2) 日本コンクリート工学協会：Smart Structure Systems, コンクリート工学，Vol.36, No.1, pp.11–12, 1998
3) 日本コンクリート工学協会：コンクリート構造物用光ファイバセンサの開発と実証，コンクリート工学，Vol.38, No.7, pp.17–20, 2000
4) プレストレストコンクリート技術協会：特集「将来のPC構造」，プレストレストコンクリート，Vol.38, No.6, pp.95–103, 1996

## 45 ライフサイクルコストとは何か教えて下さい．

> ライフサイクルコストとは，土木構造物の企画，設計，建設，運営・維持管理，解体撤去，廃棄に至るすべての費用の合計をいいます．

一般にライフサイクルコスト(以下，LCC)とは，人間の場合にたとえていうなら，この世に生まれてから死までの一生にかかる全費用であり，土木構造物の場合においても，一般に構造物が計画され，設計，建設，維持管理，そしてその役目を終えて廃棄されるまで，供用期間中には様々な費用が発生します．

したがって，土木構造物のLCCとは，土木構造物の企画，設計，建設など初期建設にかかる費用(初期コスト)，運営，点検，補修・補強費用などを含めた維持管理にかかる費用(維持管理コスト)，解体撤去，廃棄や，場合によっては新しく構造物を建設する費用(更新コスト)ということになります．このLCCを簡単な式で表すと一般に以下のようになります[1]．

$$\text{LCC} = I + M + R \tag{1}$$

ここに，LCC：ライフサイクルコスト
　　　　$I$：初期建設コスト
　　　　$M$：維持管理コスト
　　　　$R$：更新コスト

上式からわかるように，例えば，供用期間が同じである2つの構造物を考えた場合，高い耐久性能であるが高価な材料や施工方法を用いて構造物を建設し，初期建設コストは大きいが維持管理コストを低く抑えるか，逆に長持ちはしないが安価な材料や施工方法を採用し，補修・補強を繰り返して行ったり，あるいは更新に多額の費用を費やして寿命を確保するか，どちらが得であるかが，LCCという数値で判断できるようになると考えられます．

### (1) LCCを算出する気運が高まってきた背景

LCCによる評価の気運が高まってきた背景を挙げると，
- 公共投資の規模が縮小する中で，高度経済成長期に建設した大量の構造

- 物が一斉に劣化する時代を迎え，より効率的な投資が求められる．
- 初期投資を抑えるだけのコスト縮減に，限界を感じ始めた．
- 性能設計の導入によって，寿命を考慮することが求められる．
- 相次ぐコンクリート片の落下事故を受けて，良質な構造物をつくることの重要性に対する認識が強くなった．
- 社会が環境負荷の軽減を求めている．
- 少子高齢化によって生産人口が減る前に長寿命化の体制を整えておく．

などがあります[3]．

わが国においては，橋長15m以上の道路橋は全国で約14万橋(2001年4月現在)あります[4]．建設年次別の橋梁数を示したのが図1です[2]．図によると，1975年を中心とした近年に建設時期が集中しているのがわかります．また，図2は，全橋梁数と供用年数50年以上の老朽化橋梁数の予測を示したものです[2]．

1960年から1975年をピークとして多くの橋が建設され，一般に橋の寿命(耐用年数)を50年程度とすると，今から15～20年後に供用期間50年を超えるために老朽化橋梁の数が急激に増加することがわかります．

そのような老朽化した既存の橋の架け替え(更新)にあたっては新設と異なり，仮橋や迂回路の設置，また撤去等の費用は新設の3倍ともいわれ，工期の面においても大きな負担となることは明らかです．

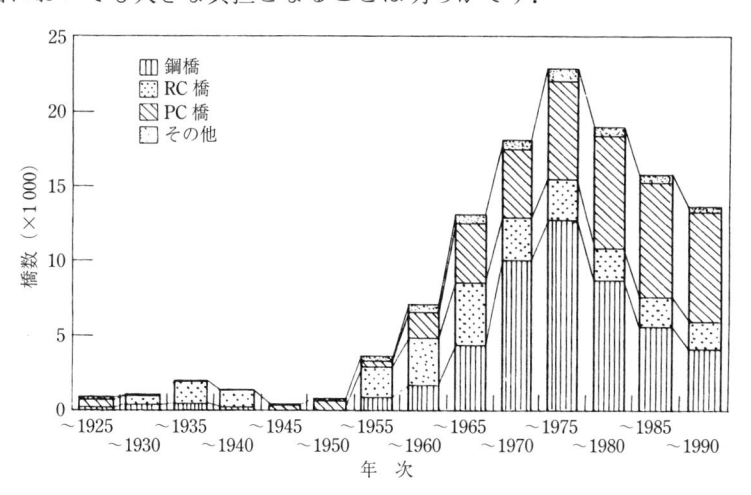

図1 建設年次別橋梁数[2]

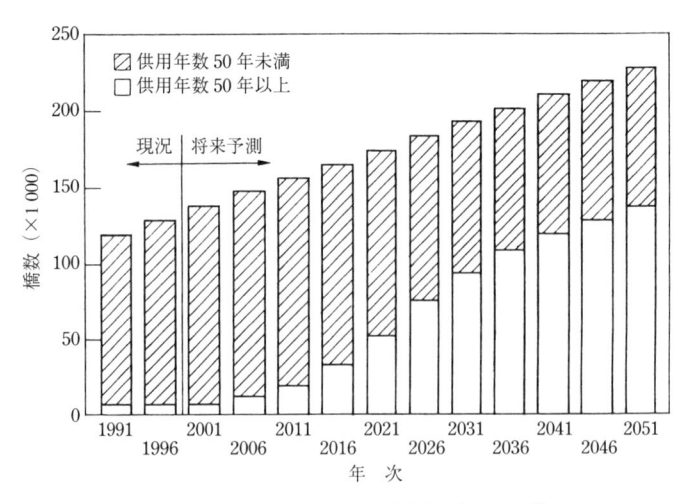

**図 2** 全橋梁数と老朽化橋梁数の予測 [2]

さらに，公共事業の縮小，コスト縮減というような非常に厳しい状況におかれることを考えると，将来において想定される橋の更新は極めて困難となることが予想されます．さらに，それらの橋が寿命を迎えるまでに要する維持管理コストも莫大な出費を余儀なくされることは必定です．

図 3 は **Q03** に示したものですが，この 10 年間における道路橋の主な架替え理由を示したものです [2]．この図を見ると，上下部構造の劣化，損傷により架け替えられた橋は 15 %程度あり，そのうち上部構造について注目すると，腐食(コンクリートの亀裂・剥離を含む)と床版の損傷が大半を占めています．

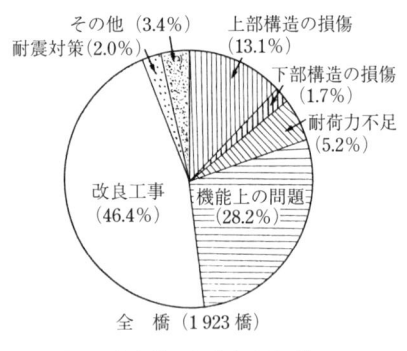

**図 3** 道路橋の架替え理由 [2]

したがって，そのような腐食や損傷をなくすような対策，技術を適用することが LCC を小さく，寿命の長い橋の実現に向けての第一歩となりうるものと思われます．

コンクリート構造物は社会資本の中でも我々の生活に非常に密着したものであり，今後も永久的に良い状態で維持していく必要があります．そのような状況の中，限られた予算内で効率的に橋を維持管理し，寿命を伸ばしていくには，LCC を最小にするという考え方が有効となります．したがって，橋の LCC を最小にするには，維持管理コストと更新コストを最小にすることが最も効果的となります．すなわち，多少初期コストが高くとも，維持管理コストのかからない耐久性のある材料や工法を使用することが，結果的に LCC を小さくすることにつながります．

**(2) LCC の算定における研究**

LCC の算定は，その歴史がまだ浅いこともあり，多くの試みがなされている段階です．LCC のうち，初期建設コストは費用算出のための積算資料も多くあり，比較的わかりやすいものですが，維持管理コストの方は将来発生するであろう費用を予測するものですから，構造物が建設された環境条件を適切に把握できるか，あるいは施工精度の問題など，多くの不確定な要因を含んでいます．そこで，LCC を算定するうえで研究されている内容を紹介します．

──利用者コスト

LCC を算定する場合に，式 (1) に示した初期建設コスト，維持管理コストを基本として，さらには利用者コストまで加えることもあります．

利用者コストとは利用者が負担する費用のことで，例えば，構造物の点検，あるいは補修・補強に必要となる交通規制によって通行する車両が迂回する，あるいは渋滞が生じて利用者が目的地に到達するのに時間を費やした場合などの経済的損失や，交通規制で起こる可能性のある車両事故で人的，物的損失が出た場合に発生する損失など，これらを費用として算出しようとするものです．利用者コストを考慮した場合には，新たに迂回路を設置する，工期を短くするなど，維持管理に必要なコストも変わり，LCC 算定結果も異なってくる可能性があります．

利用者コストは初期建設コスト，維持管理コストと比較して大きいと考えられ，LCC 算定には重要な項目であると考えられます．しかしながら，その算出のためのデータが極めて少ないこと，多くの仮定条件で算出せざるをえないことなどから，利用者コストを算定することは容易ではなく，利用者コストを含めて LCC として算定している例は少ないのが現状です．

## ——貨幣価値の変化

　LCC は，構造物の供用期間という長い時間単位で発生する費用を算出しようとするものです．しかしながら，費用である貨幣の価値は経済状況によって長い時間で変化します．例えば，現在の 100 円で買えるものが 100 年経っても 100 円で買えるとは限りません．

　そこで，LCC 算定では変化する貨幣価値を考慮しようとする試みがあります．具体的には，LCC にかかわるすべての費用を現在の貨幣価値として表すもので，将来発生するであろう維持管理コストを，「実質金利」あるいは「社会資本利率」という考えを用いて現在の貨幣価値に割り戻し，初期建設コストと加算します．実質金利あるいは社会資本金利の値としては，通常，政府が発行する国債などの金利から，物価上昇率を差し引いて求め，4％程度を見込む例が多くあります．

## ——リスク解析

　LCC は，維持管理コストなど将来発生するであろう費用を予測して計算するために，多くの不確実性の高い費用が含まれています．例えば，塩害環境にあるコンクリート構造物では，塩化物イオンの浸透量や鋼材腐食速度の予測から，鋼材が腐食して構造物が劣化し，補修が必要になる時期とその費用を算出することとなります．したがって，コンクリートへの塩化物イオンの浸透量が予測より少なかった場合には，LCC は小さくなりますが，逆に浸透量が予測より大きかった場合には，予測した LCC より実際には多くの費用がかかることとなります．

　このように，LCC の算出には不確実な費用を算定しなければ成り立たたず，多くのリスクを含むこととなります．そこで，LCC 算定に用いる様々なパラメーターを確率論的な手法を用いて検討し，リスクを定量的に評価しようとする試みがリスク解析です．

　リスク解析では，例えば，コンクリートの塩化物イオン拡散係数，かぶりの施工誤差など劣化に関するパラメーターを，ある値を平均値とした正規分布や三角分布をとるとして LCC を計算し，結果として算出された LCC も分布をもった値として評価します．リスク解析を行うことによって，例えば補修工法の異なる A, B の 2 者を比較する場合，「平均的には A 工法の LCC が低いが，塗装の劣化が想定より早く生じた場合には B の方が LCC が低くな

る」というような評価ができ，また「LCC に最も影響を与える変動因子は何か」といった点も明らかとなります．

図 4 にリスク解析を行った結果の例を示します．LCC は先に説明した貨幣価値の変動を考慮した NPV という値で示しています．この図からわかるように，B と比較して A の場合では計算した LCC は広い分布を示しており，不確実性が高いことがわかります．また，A では平均的には B よりコストが低いものですが，場合によっては A の方がコストが高くなることを示しています．リスク解析で提示されたこのような結果は，「A という工法と B という工法のどちらを選択しますか？」という選択を行うための資料となります．

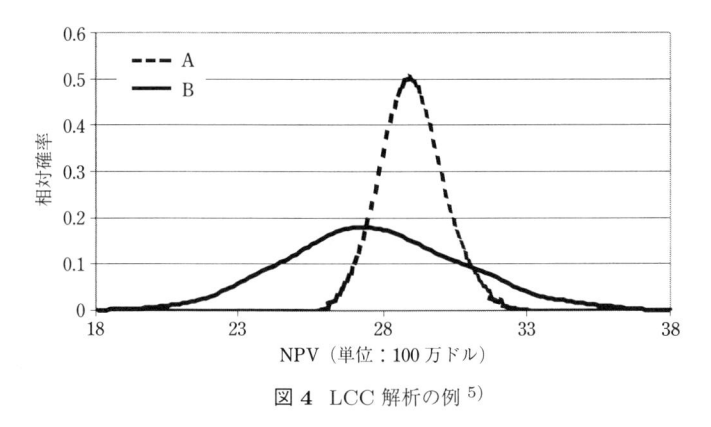

**図 4** LCC 解析の例 [5)]

一方，構造物にかかる費用のリスクとして，地震，台風，津波，洪水などの自然災害が生じ，設計時に考慮していないような力が構造物に加わり，損傷を受けて補修費用がかかる，あるいは供用できなくなり解体・撤去を余儀なくされる，といったことが考えられます．供用期間中におけるこのような自然災害による破壊確率と損失費用を，リスク要因として LCC 算定費用に加えようとする試みもされています．その一例として，図 5 に耐震性能レベルと LCC を算定した結果を示します [6)]．この図では，構造物の耐震性能レベルを上げると，初期コストが増加しますが，地震が生じた場合にこうむる地震損失コストは逆に低下することとなります．そして初期コストと地震損失コストとの合計である LCC が最小となる点 A が存在し，この構造物における最適な耐震性能がわかります．

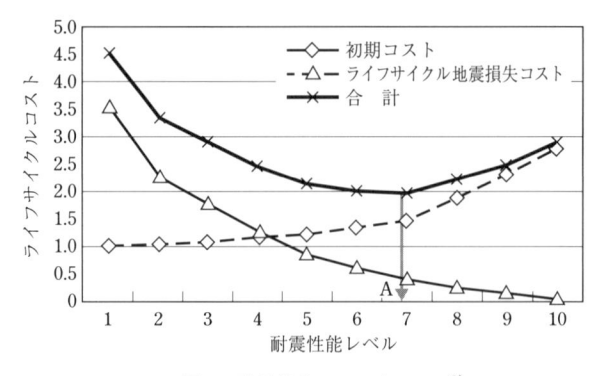

図5 耐震性能レベルとLCC[6]

しかしながら，自然災害における損失の算定では，現状では自然災害の発生する確率を算出することが難しく，また，どれくらいの規模の災害が生じた場合に，どの程度の損傷が構造物に生じるのか，さらに，構造物が損傷した場合に迂回による利用者の時間損失や，地域社会の経済活動に与える影響，あるいは地域住民の不安感など，費用として算出することが難しいといった問題もあり，LCCのリスク要因として算定が難しいのが現状です．

──LCC最小化の手法

LCCを算出する目的は，最もLCCを小さくできる構造物の建設工法，補修・補強工法などを選択することにあります．しかしながら，現実には多種多様な工法があり，その一つ一つについてLCCを計算して最もLCCが小さくすることができる工法を選択することは，かなり困難な作業となります．

そこで，LCC最小化の維持管理計画を求める手法として，遺伝的アルゴリズムの考え方を用いて，コンピュータで最適解を出力させようとする方法が研究されています．遺伝的アルゴリズムは，生命体の設計図であるDNAなどの遺伝子が親から子の世代に伝わるときに，交差や突然変異が起こることを模擬して計算させるもので，非常に多くの選択肢の中から最適解を得る手法として有用となります．

LCC最小化のための手法として，遺伝的アルゴリズムの利用は種々ある工法をそれぞれどのようにモデル化するかといった問題があり，まだ実用化するまでには至っていません．しかしながら，このような研究はLCCを最小化するための手法として今後期待されます．

## (3) LCC計算例

図6は，耐久性があり維持管理負担の小さい橋づくりをめざしたミニマムメンテナンス橋について，鋼橋におけるLCCを試算し，従来の橋梁と比較した結果を示したものです．従来の橋梁に対して，ミニマムメンテナンス橋では亜鉛メッキ塗装，PC床版，改質アスファルトなどを採用することによって，初期建設コストはおおよそ1.6倍となっていますが，建設後100年のLCCはおおよそ1/3と少なくなる結果となっています．

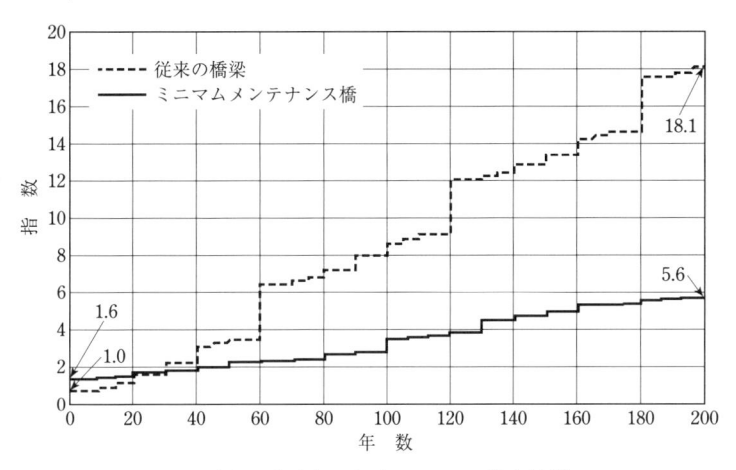

図6 都市部におけるLCCの算出例[7]

## (4) LCC算出における今後の課題

LCCを算出する場合には，「(2) LCCの算定における研究」で紹介したとおり，まだ定式化された手法はなく，多くの研究者によって様々な試みがなされている段階です．いずれにしても，LCCの算出では将来発生する費用負担を予測しなければならず，また非常に多くの変動要因を含んでいることから，多くの仮定条件の設定が必要で，また利用者コストの算出ではかなり大胆な仮定条件が必要となる場合もあります．

一方，実際に構造物を供用している間には，例えば，予測を上回る自然災害が生じた，通行量が大きく増加した，過積載の車両が通行した，あるいは，埋立によって海岸線までの距離が長くなるなど，構造物の置かれた環境が変化し，劣化要因や構造物に対する負荷が変わるケースもあることでしょう．また，LCCは100年といった長い期間を想定するので，供用期間中には技術革

新によって新しい点検方法や補修・補強工法が出現して維持管理コストが飛躍的に小さくなることもあると考えられ，さらには急激なインフレやデフレによって資産価値が大きく変動してしまう可能性もあります．

　しかしながら，構造物にかかる費用をLCCとして評価することは，先に説明したとおり非常に重要でありますし，予測できなかった事態が生じたとしても，その時点でLCCを評価し直すといった軌道修正を行うことで，より一歩進んだ構造物の維持管理が可能となると思われます．

【参考文献】
1) 土木学会建設マネジメント委員会：建設とマネジメント XVI, 1998
2) 西川 和廣：LCC を最小にするメンテナンス橋の提案，橋梁と基礎，Vol.31, No.8, pp.64–72, 1997
3) 日経 BP 社：日経コンストラクション，2000.2.25
4) 国土交通省道路局企画課 監修，全国道路利用者会議 発行：道路統計年報 2002
5) Life-Cycle Cost Analysis in Pavement Design, Federal Highway Administration, Publication No. FHWA-SA-98-079, 1998
6) 井関 泰文：ライフサイクル地震コストについて，土木学会誌，Vol.87, No.12, 2002
7) 建設省土木研究所：ミニマムメンテナンス橋パンフレット

# 46 橋梁マネジメントシステムについて教えて下さい．

> 　橋梁マネジメントシステム (Bridge Management System) は道路網を構成する橋梁全体をネットワークとしてとらえ，限られた予算の中で最大の利潤を得るための最適維持管理計画の作成を支援するシステムです．

　わが国においては，高度経済成長期以来，多くの橋梁が建設され，道路橋においては，高速自動車国道から市町村までの道路にある橋長 15 m 以上の橋だけでも 14 万橋以上で，相当なストック量に及んでいます．また，これら道路施設等の保全に必要な維持管理費は年々増加し，更新にかかる費用の増加よりも大きな伸びとなっているのが現状です．今後，道路構造物を維持管理していくうえでアセットマネジメントシステム (Assets Management System) の概念を導入し，限られた財源のもと，計画的・効率的な管理を行うことが必要とされています．すなわち，道路を資産としてとらえ，道路構造物の状態を客観的に把握，評価し，中長期的な状態を予測するとともに，予算制約の中でいつ，どのような対策をどこに行うのが最適であるかを考慮して，計画的・効率的に管理するシステムです[1]．

　これまでの道路橋の点検業務は，「橋梁点検要領 (案)」[2] に基づいて主に目視を主体とした点検により実施されています．これらの結果は維持補修工事や架替えなどの判断のための基礎データとなっています[3]．

　このような状況の中，今後は維持管理費の増加を最小限にし，ストックを長期にわたり良好に保全する必要があり，そのためには，橋梁の維持管理のための橋梁マネジメントシステム (以下，BMS) が必要であると考えられるようになってきました．

　橋梁マネジメントとは，既設橋梁の点検，管理データの収集と整理，管理計画を通じて，維持，補修・補強，架替えなどの中でアクションに優先順位を付け，コーディネイトしてこれらに要する費用を抑え，便益を最大とするべく施策を講じるとともに，新設橋梁では，投資効果のより大きな橋梁はどのようなものであるかを選択し決定するマネジメント技術，と定義しています[4]．したがって，BMS とは，そのような技術に対して最適な管理手法の

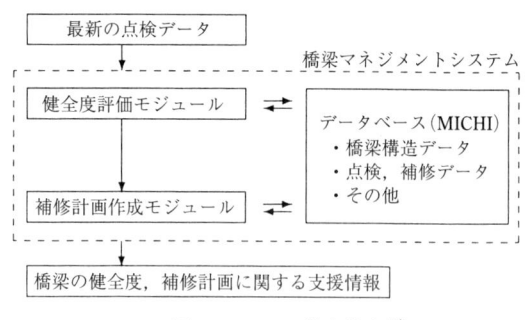

図1 BMSの基本構成[5)]

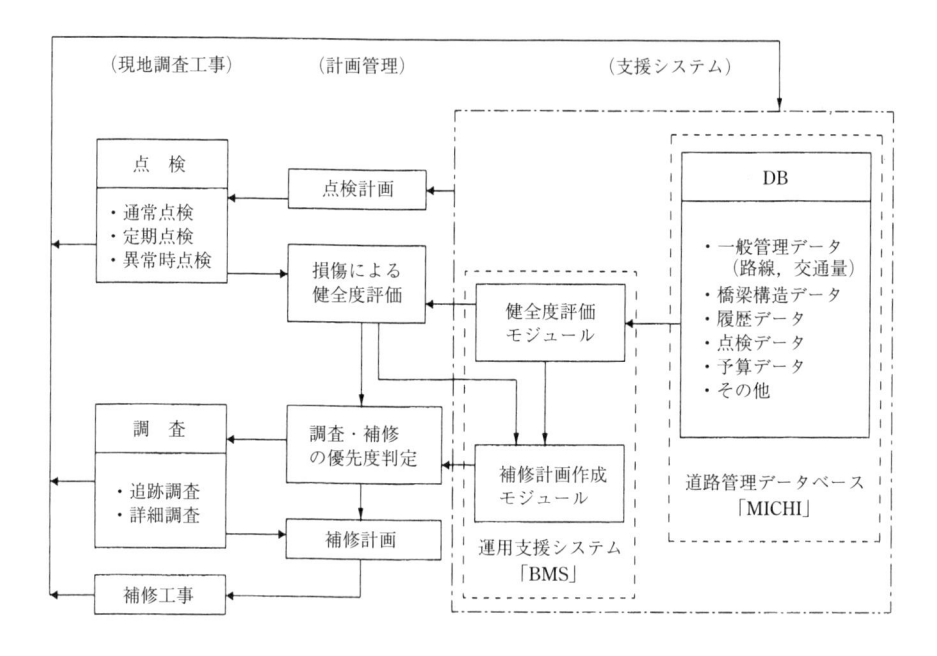

図2 橋梁の維持管理の全体システム概念図[5)]

選択を行うための支援システムということになります．現在BMSに関して，各機関および研究者により運用あるいは研究がなされていますが，そのうちの一つ，土木研究所で研究・開発されたBMSの概略を図1，図2に示します[5)]．維持管理では，点検，結果の評価，補修などの対策という流れになりま

すが，図のシステムでは，評価と補修計画の一部をコンピュータ化して作業を支援するものです．システムでは，すでに構築されている「道路管理データベースシステム」（以下，MICHI）という道路の構造，図面，周辺状況，付属物などのデータベースを利用し，BMSではMICHIから橋梁諸元，履歴，点検データなどを引き出すとともに，新しい点検データを蓄積します．また，健全度評価モジュールでは橋梁ごとの評価を行い，その結果をもとに補修計画モジュールでは管理区域などの橋梁群として，例えばどの橋梁から補修するかといった補修計画を立案し，実際の維持管理業務に役立てようとしています．

【参考文献】
1) 鹿野 正人：今後の道路構造物の維持管理，道路，2003.4
2) 建設省土木研究所：橋梁点検要領（案）
3) 橋梁維持管理，北海道シンポジウム講演会テキスト
4) 五十畑 弘ほか：ブリッジマネジメント，橋梁と基礎，2001.1
5) 佐藤 弘史ほか：橋梁マネジメントシステム，土木技術資料，38-1，1996

## Tea Time 7 建設産業における環境問題，資源問題に対するリサイクルの取り組み

　建設産業は，就業者数は全産業のそれの10％，650万人を抱える大きな産業です．建設産業は，全産業の資源利用量の約半分を建設資材として利用しており，工事に伴う建設廃棄物は全産業廃棄物量の2割を占めています．また，産業廃棄物の不法投棄量の9割程度が建設廃棄物であることも事実です．建設産業では，これらの現状を鑑みて，資源の有効利用，リサイクルの推進に対して前向きな姿勢で臨んでいます．

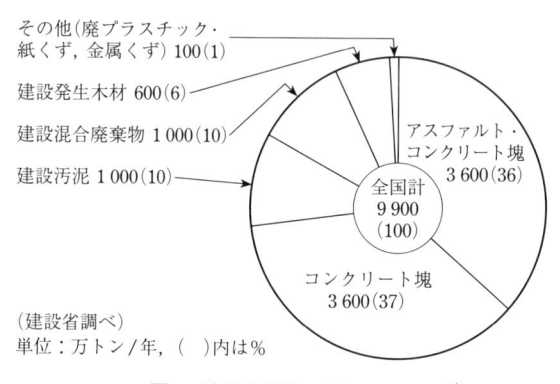

その他(廃プラスチック・紙くず，金属くず) 100(1)
建設発生木材 600(6)
建設混合廃棄物 1 000(10)
建設汚泥 1 000(10)
アスファルト・コンクリート塊 3 600(36)
全国計 9 900(100)
コンクリート塊 3 600(37)

(建設省調べ)
単位：万トン/年，（ ）内は％

**図1** 建設廃棄物の種類別排出量[1]

**表1** リサイクル率[2]

|  | 1990年度実績値 リサイクル率(%) | 1995年度実績値 リサイクル率(%) | 建設リサイクル推進計画'97 2000年度 リサイクル目標率(%) |
|---|---|---|---|
| 建設廃棄物 | 42 | 58 | 80 |
| 　アスファルト・コンクリート塊 | 50 | 81 | 90 |
| 　コンクリート塊 | 48 | 65 | 90 |
| 　建設汚泥 | 21 | 14 | 60 |
| 　建設混合廃棄物 | 31 | 11 | 50 |
| 　建設発生木材 | 56 | 40 | 90 |
| 建設発生土 | 36 | 32 | 80 |

**表2** リサイクル資源 [2)]

| 処理前の廃棄物 | リサイクル処理方法 | 適用先 |
|---|---|---|
| 1. 一般廃棄物<br>　一般焼却灰 | 溶融固化処理 | 舗装の路盤材料<br>アスファルト舗装の表・基層用骨材<br>現場施工コンクリート用骨材<br>コンクリート工場製品用骨材 |
| 2. 一般焼却灰と下水汚泥の混合物 | 焼結粉砕セメント化処理 | コンクリート工場製品 |
| 3. 下水汚泥 | 溶融固化処理 | 舗装の路盤材料<br>アスファルト舗装の表・基層用骨材<br>現場施工コンクリート用骨材<br>コンクリート工場製品用骨材 |
| 4. 石炭灰 | 溶融固化処理 | 工場製品 (ブロック等) |
| 5. ガラスカレット | 粉砕処理 | 舗装の路盤材料<br>アスファルト舗装の表・基層用骨材<br>樹脂系舗装の表・基層用骨材<br>インターロッキングブロック用骨材 |
|  | 粉砕焼成処理 | 建築資材 (タイル・ブロック) |
| 6. 古紙 | 粉砕熱圧処理 | コンクリート型枠 |
| 7. 木材 | 粉砕処理 | マルチング材, クッション材 |

　建設廃棄物の種類を図1に示します．アスファルト・コンクリート塊，コンクリート塊が7割，建設汚泥，建設混合廃棄物がそれぞれ1割程度となっています．これら建設廃棄物のリサイクル率を表1に示します．アスファルト・コンクリート塊やコンクリート塊のリサイクル率は70〜80％程度と非常に高くなっています．しかし，建設汚泥，建設混合廃棄物，建設発生木材は，まだ10〜40％と低迷しています．これら低迷を続ける理由として，制度上の問題，分別しないことの問題，リサイクル後の品質など，さらなる技術開発が必要と考えられます．

　また，建設業では，他産業のリサイクル資材の利用も行っています．表2に現在検討されているリサイクル資源を示します．

【参考文献】
1) 塚田 恵朗：業界団体が推進するリサイクルの動き, 土木学会誌, Vol.85, pp.24–27, 2000
2) 池田 豊人ほか：建設省が推進するリサイクルの動き, 土木学会誌, Vol.85, pp.18–21, 2000

第 7 章

# 海洋構造物の将来

**47** 現在の技術を採用することで耐久性に優れた構造物になるのか教えて下さい．

　コンクリート構造物の環境，使用材料，設計，施工および維持管理について，常に関連性を持たせ，現在開発されている技術を用いれば，耐久性に優れた構造物をつくることが可能と考えられます．

　耐久性に優れた構造物とは，いかなる構造物なのでしょうか．土木学会によると「耐久性に優れた構造物とは，100年程度は補修・補強を要しない構造物である」としています．

　これまでに耐久性に優れた構造物が建設された事例も多くあります．房総半島南端近くの海岸沿いに，1923年，架設された写真1に示す山生橋梁は，塩害環境下であるにもかかわらず80年程度経過した現在においても無傷の状態で供用されています．また，冬期には2m以上の積雪がある豪雪地帯である福島県に建設された写真2に示す大

写真1　山生橋梁[1]

谷川橋梁は，1939年に架設されましたが，まだ健全な状態で供用されています．これら構造物は建設後，60～70年経過した後も，補修・補強をしないで供用しており，上述した耐久性に優れた構造物であると考えられます．

このような耐久性に優れる構造物と裏腹に，すでに述べたように建設後，10～20年で損傷を受け，なんらかの補修・補強を要する構造物が数多くあります．また，補修・補強を施しても，数年後に再劣化により補修・補強が必要となる構造物もあります．

写真2 大谷川橋梁 [1]

早期に損傷を受ける構造物を建設した原因または短期間で再補修を施した原因として，すでに述べたような，塩害，中性化，アルカリ骨材反応，荷重や凍結融解などの他の社会的原因も考えられます．この社会的原因としては，資源枯渇から良質な骨材を入手することが困難になったこと，高度経済成長期においてポンプ車による大量のコンクリート打設や作業員の不足，工事従事者の経済優先による意識低下などが生じたことが考えられます．このほかにも，劣化メカニズムの解明に遅れたこと，劣化メカニズムが明確でないため適切な維持管理が行われなかったこと，などもあります．

この反省を生かし，現在では新設構造物や既設構造物の耐久性を向上させる様々な技術が開発されています．

Q19で詳しく説明したようにコンクリート構造物の環境，使用材料，設計，施工および維持管理について，常に関連性をもたせ，現在開発されている技術を用いれば，耐久性に優れた構造物をつくることが可能と考えられます．

【参考文献】
1) 小林 一輔：コンクリートが危ない，岩波新書，1999

## 48 既設構造物をいかに継承していくべきか教えて下さい．

補修・補強に要する費用を低く抑え，かつ既設構造物を良好な状態に保つために，損傷原因に応じた適切な補修・補強を効果的な時期に行い，継承していくべきと考えられます．

土木構造物のような長期間使用される構造物では，建設時に予測できなかったモータリゼーションの進行などによる構造物自体の機能の陳腐化や，塩害などによる早期劣化などにより，その性能は低下します．そのため，構造物には維持管理や更新が必要になります．

わが国の道路橋は，2001年4月1日現在で，橋長15m以上の橋は約14万橋で，内訳は鋼橋が約40％，RC橋が約18％，PC橋が約38％となっています．図1に建設年次ごとの橋梁数を示します．この図から，1965–1980年(昭和40–55年)に建設時期が集中していることがわかります．2010年頃から建設後50年以上の橋梁が急増します[1]．

図2は日本における公的社会資本の維持更新費の将来予測を示しています．これによると2000年度で4.6兆円，2010年度で6兆円を超すと予測されています．

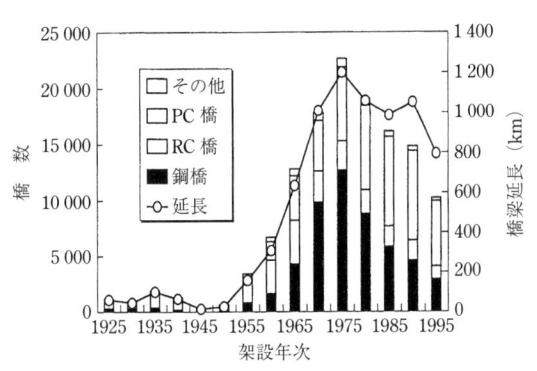

**図1** 建設年次別橋梁数（橋梁数は各5年間の合計を示す．）[1]

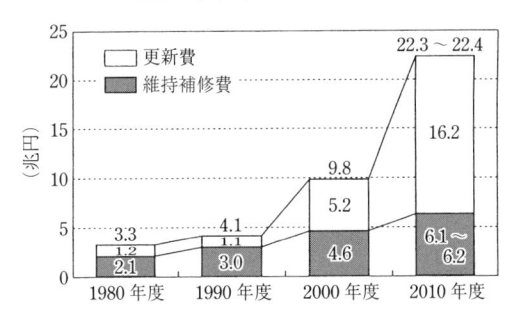

**図2** 公的社会資本の維持更新費の将来予測[2]

現在の社会情勢から，供用中の社会資本を有効に活用する必要性が増大することは疑いのないところと考えられます．したがって，適切な補修・補強を適切な時期に行い，維持管理に要する費用を低く抑え，かつ，社会資本を良好な保全状態に保つことが重要になってきます．

　社会資本を良好な保全状態に保つには構造物損傷の原因を正しく解明し，損傷原因に見合った補修・補強を選定するとともに，それら補修・補強の方法の特徴や，それら技術の限界を把握することが必要となります．莫大な労力や情熱を要して大井川沖暴露試験でも劣化進行速度，健全度評価を行っていますが，いまだに不十分な部分が多く残っており，将来の研究開発が期待されます．

　しかし，現在の技術をもっても適切な維持管理を行うことで，補修・補強を最小限にとどめることは可能です．すなわち，維持管理を総合的，長期的な計画として位置づけることにより，現在の事後的維持管理から計画的で予防的な維持管理に変わることとなり，補修・補強に要する費用を最小限に抑えることができます．

　重要なことは，(1) 維持管理を総合的，長期的な計画として位置づけ，さらに政策の一環とすること，(2) 劣化予測，健全性の評価，維持管理にかかわる問題などの研究や技術開発を推進，(3) 維持管理を考慮した計画，設計，施工を行い，維持管理で得られた経験を次世代の建設に反映すること，と考えます．

【参考文献】
1) 土木研究所：コンクリート橋のライフサイクルコストに関する調査研究，土木研究所資料第 3811 号，2001.3
2) 片脇 清士：最新のコンクリート防食と補修技術，山海堂，2000

# 49 今後，新しく建設する構造物とはどうあるべきか教えて下さい．

> 新しく建設する構造物は，構造物の耐久性や経済性，建設後の維持管理，環境問題などを考え，次世代に向け負担の少ない経済的な構造物とする必要があります．

　新しく建設する構造物には，橋梁やトンネルなどの道路構造物や桟橋などの港湾構造物など，様々な構造物があります．これらの構造物は，我々の生活に深くかかわり，供用を始めると生活から切り離せなくなります．新しく構造物を建設する場合は，その構造物が建設されてから役目を終え更新されるまでのことを考えなければなりません．様々な項目を検討する必要がありますが，主な項目としては，(1) 耐久性，(2) 維持管理，(3) 経済性，(4) 環境がキーワードとして考えられます．

### (1) 耐久性
　構造物が建設される環境条件や使用条件を把握することにより，構造物の劣化による補修や補強の時期をある程度把握することが可能となってきました．構造物の耐用年数を考えた塩害や中性化に対する耐久性などの構造物に要求される耐久性を明確にすることにより，経済的な構造物の建設や適切な維持管理につなげていくことが重要となります．

### (2) 維持管理
　補修や補強の時期を把握できれば計画的な維持管理が可能となり，維持管理費用を低減することも可能と考えられます．既設の構造物についても構造物の有する性能を明確にすることにより，同様のことが考えられます．また，橋梁マネジメントシステムを構築，運用し構造物を全体的なシステムとして維持管理していくことも必要です．

### (3) 経済性
　今後，これまで建設した構造物の維持管理費用は大きく増加すると予想されます．また，人口の増加は止まり，少子高齢化の時代を迎え，このままでは日本の生産性は徐々に低下し，経済規模も縮小し社会資本の整備に配分される予算も減少していくことが予想されます．このような社会情勢の中で，新

しく建設する構造物も低コストの経済的なものを建設しなければなりません．経済的な構造物とは，耐用年数などの要求性能などに対して，過不足のない性能を有する構造物と考えます．

### (4) 環境

これまで述べたような経済的な問題のほかに，環境問題も考えなければなりません．コンクリート構造物を建設する場合も，使用する材料や現場の施工で，直接的・間接的に環境の破壊につながっています．コンクリート構造物でも撤去したコンクリートの再利用や他産業の副産物の利用など，環境問題を考えた方向へ進んでいますが，まだ十分とはいえません．構造物の建設と環境問題とは，自然破壊などに対する問題点や矛盾点がありますが，資源の再利用など積極的に取り組まなければならないと考えます．

これまでの **Q01～Q48** でも述べてきたように，コンクリート構造物に関して，いろいろな研究や技術開発が続けられています．今後，研究や技術開発が進み画期的な工法や製品が開発されるかもしれません，しかし「良いものを安くつくっていかなければならない」という考え方は変わらないと考えられます．

# 索　引

## 【あ】

アノード ..................... 22, 31
アノード反応 .................... 22
アルカリ金属イオン ............... 48
アルカリ骨材反応 .. 14, 46, 55, 67, 118
アルカリシリカ反応 ............... 46
アルカリシリケート反応 ........... 46
アルカリ炭酸塩反応 ............... 46
アルミネート .................... 55
安全性能 ........................ 69

EPMA ........................... 67
維持管理 ................. 133, 137
移流 ....................... 25, 76

海砂 ......................... 7, 14

S–N 曲線 ....................... 53
X 線分析 ........................ 67
X 線法 .......................... 68
エトリンガイト .................. 55
FRP 接着 ...................... 105
エポキシ樹脂 .................... 86
エポキシ樹脂塗装鉄筋 ............ 86
塩 .............................. 33
塩害 ......................... 7, 14
塩化物 .......................... 34
塩化物イオン ................ 33, 34
塩化物イオン量 .................. 67
　　鋼材腐食が始まる—— ........ 20
エントレインドエア .............. 50

塩分 ......................... 7, 33
塩分規制 ........................ 38
塩分浸透量 ..................... 127

応力腐食割れ .................... 66

## 【か】

海塩粒子 ........................ 24
海水滴 .......................... 24
外来塩分 ......................... 7
化学吸着説 ...................... 20
化学的侵食 ...................... 55
化学法 .......................... 47
拡散 ................... 25, 37, 76
　　塩化物イオンの—— .......... 25
拡散方程式 ...................... 26
カソード .................... 22, 31
カソード反応 .................... 22
加速期 .......................... 64
可溶性塩分 ...................... 35
　　コンクリートの—— .......... 25
寒冷地 .......................... 49

供用期間 ....................... 142
橋梁マネジメントシステム ....... 161

空隙 ............................ 78
グラウト ........................ 87
クラックスケール ................ 67

景観 ............................ 69

コアサンプリング ................... 67
鋼材腐食 ........................... 8
鋼材腐食限界濃度 ................. 102
鋼材腐食発錆濃度 .................. 27
孔食 .............................. 66
高流動コンクリート ................ 84
高炉スラグ微粉末 .................. 81
固定塩化物 ........................ 25
混和材 ............................ 81

## 【さ】

細孔溶液 ................. 21, 24, 51
再劣化 ....................... 12, 114
酸化物皮膜 ........................ 20
残存膨張量試験 .................... 67

シース ............................ 89
自然電位法 ........................ 67
自由塩化物 ........................ 25
使用性能 .......................... 69
初期欠陥 .......................... 76
シリカフューム .................... 82
迅速法 ............................ 47
診断 ............................. 147
進展期 ............................ 64
浸透圧説 .......................... 51
浸透速度 .......................... 25

水圧説 ............................ 51
水素脆化 ......................... 118
水素脆性割れ ...................... 66
スケーリング ...................... 50

遷移帯 ............................ 25
全塩分 ............................ 35
潜伏期 ............................ 64

促進試験 .......................... 50
促進中性化 ........................ 14
外ケーブル補強 ................... 105

## 【た】

耐久性指数 ........................ 50
耐久性能 ..................... 69, 75
第三者影響度 ...................... 69
耐用期間 ......................... 142
耐硫酸塩セメント .................. 56
たわみ量 .......................... 67
単位水量 .......................... 76
炭酸ガス .......................... 56
単独劣化 .......................... 58
断面修復 .................. 105, 113

中性化 ....................... 14, 42
中性化深さ ............... 14, 43, 67
中和反応 .......................... 42
超音波法 .......................... 67

テストハンマー .................... 67
鉄筋 .............................. 64
電位差滴定法 ...................... 67
電気化学的防食工法 ............... 105
電気化学的補修 ................... 117
電子顕微鏡 ........................ 67
電磁波レーダー法 .................. 68

凍結防止剤 ........................ 10
凍結融解 .......................... 14
凍結融解作用 ...................... 49

## 【な】

内在塩分 ........................... 7

熱分析 ............................ 67

## 【は】

配合 .............................. 76
剥落 .............................. 67
剥離 .............................. 67

PC 鋼材 ....................... 64, 66

| | |
|---|---|
| PC鋼材定着部 | 89 |
| PC構造物 | 64 |
| 美観 | 69 |
| ひび割れ | 67, 108 |
| ひび割れ補修 | 105 |
| 被覆PC鋼材 | 87 |
| 表面処理 | 105 |
| 表面被覆 | 110 |
| 飛来塩分 | 8, 24 |
| 疲労 | 53 |
| 疲労強度 | 53 |
| フィックの第2法則 | 26 |
| フェノールフタレインエタノール | 44 |
| フェノールフタレイン法 | 67 |
| 複合劣化 | 54, 58 |
| 腐食電池 | 22 |
| 腐食面積率 | 14 |
| 不動態皮膜 | 20, 42 |
| フライアッシュ | 82 |
| フリーデル氏塩 | 25, 44 |
| プレグラウトPC鋼材 | 87 |
| 分極抵抗法 | 67 |
| ペシマム量 | 47 |
| 偏光顕微鏡 | 47, 67 |
| 保有性能 | 75 |
| ポリエチレン樹脂 | 86 |

## 【ま】

| | |
|---|---|
| 巻立て | 105 |
| マグネシウム塩 | 55 |
| マクロセル | 22, 114 |
| マクロセル腐食 | 31 |
| 増厚工法 | 105 |
| 見かけの拡散係数 | 26 |
| ミクロセル | 22 |
| 水セメント比 | 76, 78 |
| モルタルバー法 | 47 |

## 【や】

| | |
|---|---|
| 陽イオン交換反応 | 55 |
| 要求性能 | 75 |

## 【ら】

| | |
|---|---|
| ライフサイクルコスト | 152 |
| リサイクル | 164, 165 |
| 硫酸イオン濃度 | 56 |
| 硫酸塩 | 55 |
| $\sqrt{t}$則 | 43 |
| 劣化期 | 64 |
| 劣化予測 | 125 |
| 連続繊維シート | 115 |
| 連続繊維補強材 | 91 |

## 【わ】

| | |
|---|---|
| ワーカビリティー | 76 |

### 海洋コンクリート構造物の防食 Q&A　　定価はカバーに表示してあります

2004年6月1日　1版1刷　発行　　　　　　ISBN 4-7655-1666-0　C3051

|  |  |
|---|---|
| 編　者 | 社団法人プレストレスト・コンクリート建設業協会 |
| 発行者 | 長　　祥　　隆 |
| 発行所 | 技報堂出版株式会社 |

〒102-0075　東京都千代田区三番町8-7
（第25興和ビル）

日本書籍出版協会会員
自然科学書協会会員
工学書協会会員
土木・建築書協会会員

電　話　営業　(03)(5215)3165
　　　　編集　(03)(5215)3161
FAX　　　　　(03)(5215)3233
振替口座　　　00140-4-10
http://www.gihodoshuppan.co.jp/

Printed in Japan

Ⓒ Japan Prestressed Concrete Contractors Association, 2004

装幀　冨澤　崇
印刷・製本　三美印刷

落丁・乱丁はお取り替えいたします．
本書の無断複写は，著作権法上での例外を除き，禁じられています．

● 小社刊行図書のご案内 ●

|  |  |  |
|---|---|---|
| コンクリート便覧（第二版） | 日本コンクリート工学協会編 | B5・970頁 |
| セメント・セッコウ・石灰ハンドブック | 無機マテリアル学会編 | A5・766頁 |
| コンクリート工学 ―微視構造と材料特性 | P.K.Mehta ほか著／田澤榮一ほか監訳 | A5・406頁 |
| 海洋鋼構造物の防食Q&A | 日本鉄鋼連盟編 | A5・222頁 |
| 土中鋼構造物の防食Q&A | 日本鉄鋼連盟編 | A5・128頁 |
| コンクリートの高性能化 | 長瀧重義監修 | A5・238頁 |
| コンクリートの長期耐久性 ―小樽港百年耐久性試験に学ぶ | 長瀧重義監修 | A5・278頁 |
| 鉄筋コンクリート工学 ―限界状態設計法へのアプローチ（第三版） | 大塚浩司ほか著 | A5・254頁 |
| 入門 鉄筋コンクリート工学（第三版） | 村田二郎編著 | A5・272頁 |
| コンクリートダムの設計法 | 飯田隆一著 | B5・400頁 |
| コンクリート構造物の診断と補修 ―メンテナンス A to Z | R.T.L.Allen ほか編／小柳洽監修 | A5・238頁 |
| コンクリート土木構造物の補修マニュアル | 日本塗装工業会編 | B5・178頁 |
| コンクリート橋のリハビリテーション | G.P.Mallett 著／小柳洽監修 | A5・276頁 |
| 土木用語大辞典 | 土木学会編 | B5・1700頁 |

● コンクリート構造物の耐久性シリーズ

アルカリ骨材反応　　塩害（Ⅰ）（Ⅱ）
化学的腐食　　中性化

岸谷孝一・西澤紀昭ほか編
A5・各 124〜162頁

■技報堂出版 ｜ TEL 編集 03(5215)3161 営業 03(5215)3165
FAX 03(5215)3233